生态环境修复技术专业活页式新形态系列教材

土壤污染状况调查

TURANG WURAN ZHUANGKUANG DIAOCHA

主　编　　朱月琪　韩　萍

副主编　　唐　菠　荆明阳　顿梦杰

编写人员　（排名不分先后）：

朱月琪　韩　萍　唐　菠
荆明阳　顿梦杰　曾红平
陈　敏　吴琴琴　黄茜蕊
许俊丽　万杏波　唐卫和
冯宪凤

SPM 南方传媒
全国优秀出版社
全国百佳图书出版单位
广东教育出版社
·广州·

图书在版编目（CIP）数据

土壤污染状况调查 / 朱月琪，韩萍主编. -- 广州：广东教育出版社，2024.9. -- （生态环境修复技术专业活页式新形态系列教材）. -- ISBN 978-7-5548-6027-4

Ⅰ．X53

中国国家版本馆 CIP 数据核字第 2024TS5212 号

土壤污染状况调查

TURANG WURAN ZHUANGKUANG DIAOCHA

出　版　人：朱文清
策划编辑：陈　林
责任编辑：陈　林　米剑骐
责任技编：吴华莲
装帧设计：陈铎润

出　　　版：广东教育出版社
　　　　　　（广州市环市东路472号12-15楼　邮政编码：510075）
销售热线：020-87610579
网　　　址：http://www.gjs.cn
E-mail：gjs-quality@nfcb.com.cn
发　　　行：广东新华发行集团股份有限公司
印　　　刷：佛山市浩文彩色印刷有限公司
　　　　　　（佛山市南海区狮山科技工业园A区）
规　　　格：787 mm×1092 mm　1/16
印　　　张：15
字　　　数：250千
版　　　次：2024年9月第1版
　　　　　　2024年9月第1次印刷
定　　　价：45.00元

著作权所有·请勿擅用本书制作各类出版物·违者必究
如发现因印装质量问题影响阅读，请与本社联系调换（电话：020-87610579）

前　言

在城市化进程不断加速的今天，建设用地作为城市发展的基础，其规划与利用直接关系到城市的可持续发展与居民的生活质量。然而，随着工业活动的频繁与历史的累积，许多建设用地面临着土壤污染的风险，这不仅威胁到生态环境的安全，还可能对后续的土地利用造成长远的不良影响，尤其是当这些土地被规划为住宅、商业或公共设施用地时，土壤污染问题显得更为严峻。

《土壤污染状况调查》作为一本面向高等职业教育的教材，旨在深入剖析建设用地土壤污染现状调查工作内容、程序和方法，为培养具备土壤污染调查与评估能力的高素质技能型人才提供有力支撑。本书紧密结合当前土地管理、环境保护领域的实际需求，注重理论与实践的有机结合，力求使学生掌握建设用地土壤污染状况调查的全面知识体系与实用技能。

本书编写采用项目式教学模式，摒弃了以往教材"重理论、轻实践"的传统，将理论知识融入项目实践中，让学生在完成具体任务的过程中，自然而然地掌握土壤污染调查的关键技能与核心知识。在项目设计上，按照"项目导读—学习目标—启智增慧—任务导入和思考—拓展提升—项目评价—实践活动"的流程进行编排，确保学生能够清晰地了解项目实施的全过程，并在实践中不断积累经验、提升能力。本书还精心挑选了多个具有代表性的建设用地土壤污染调查项目案例，旨在为学生提供丰富的实践素材与广阔的探索空间。

在教学方法上，本书倡导"做中学、学中做"的教学理念，鼓励学生积极参与项目实践，通过小组讨论、团队协作、现场调查、数据分析等多种方式，深入探索建设用地土壤污染调查的奥秘。同时，注重培养学生的创新思维与批判性思维，鼓励他们在实践中发现问题、分析问题并尝试提出解决方案。

本书由广东环境保护工程职业学院曾红平编写任务1.1，广东环境保护工程职业学院唐菠编写任务1.2、1.3、1.4，项目2、3、11由广东环境保护工程职业学院朱月琪编写，项目4、5由山东城市建设职业学院韩萍编写，项目6、8由潍坊环境工程职业学院顿梦杰编写，项目7、9、10由山东城市建设职业学院荆明阳编写。广东环境保护工程职业学院陈敏、广西生态工程职业技术学院吴琴琴、云南国土资源职业学院黄茜蕊、黄河水利职业技术学院许俊丽为本书提供了配套电子资源，广东省安田环境治理有限公司万杏波、唐卫和、冯宪凤提供了优质案例。

在编写过程中，我们注重教材的实用性与前瞻性，力求使内容贴近实际、紧跟时代步伐。同时，我们也鼓励学生在学习过程中注重实践与创新，勇于探索新的调查方法与技术手段，为建设用地土壤污染防治工作贡献自己的智慧与力量。

《土壤污染状况调查》是一本集理论性、实践性与时代性于一体的教材，它不仅是高职学生学习建设用地土壤污染调查技术的必备工具书，也是广大环保工作者、土地管理人员及城市规划者的重要参考资料。我们期待通过本书的学习，能够培养出一批批具备扎实专业知识与过硬实践能力的优秀人才。由于编者水平有限，书中难免有疏漏之处，敬请读者批评指正！

编者

目 录
contents >>

项目1　土壤污染状况调查基础　　1
　　任务1.1　土壤污染特点与来源　　3
　　任务1.2　国内外土壤环境管理情况　　7
　　任务1.3　我国土壤污染状况调查工作开展情况　　15
　　任务1.4　土壤污染状况调查的工作程序、方法与原则　　20

项目2　第一阶段调查：污染识别　　27
　　任务2.1　资料收集与分析　　29
　　任务2.2　现场踏勘　　43
　　任务2.3　人员访谈　　51
　　任务2.4　结论与分析　　54

项目3　第二阶段调查：初步采样分析　　60
　　任务3.1　初步采样分析工作计划　　61
　　任务3.2　初步采样分析布点方案　　65

项目4　样品采集　　80
　　任务4.1　采样前准备　　82
　　任务4.2　定位和探测　　86
　　任务4.3　土壤样品采集　　87
　　任务4.4　地下水样品采集　　95

项目5　样品保存和流转　　111
任务5.1　样品保存　　112
任务5.2　样品流转　　118

项目6　样品分析　　124
任务6.1　检测项目选取　　125
任务6.2　检测方法确定　　133

项目7　质量控制与保证　　146
任务7.1　现场质量控制与保证　　147
任务7.2　实验室分析质量控制　　154

项目8　结果分析与结论建议　　163
任务8.1　结果分析与异常点排查　　164
任务8.2　结论建议与不确定分析　　177

项目9　第二阶段调查：详细采样分析　　184
任务9.1　详细采样分析工作计划　　186
任务9.2　详细采样分析与初步采样分析的异同　　193

项目10　第三阶段调查：参数调查　　199
任务10.1　地块特征参数调查　　201
任务10.2　受体暴露参数调查　　209

项目11　报告编制与未来展望　　214
任务11.1　报告编制　　215
任务11.2　未来展望　　223

参考文献　　232

项目 1　土壤污染状况调查基础

 项目导读

本项目主要介绍国内外土壤环境管理发展的历程和现状，阐述工业企业土壤污染的特征，回顾我国土壤污染状况调查工作开展情况，并列举土壤污染状况调查评估相关标准，说明土壤污染状况调查的工作程序与方法，为学生后续学习奠定基础。

学习目标

知识目标：

1. 了解国内外土壤环境管理的发展现状。
2. 熟悉土壤污染的特点。
3. 掌握土壤污染状况调查的工作标准、程序与方法。

技能目标：

1. 能够查阅、整理国内外关于土壤环境管理发展现状的相关文献，并对政策、法规和技术手段进行分析和比较。
2. 能够遵循土壤污染状况调查的工作程序和规范开展调查工作。

素质目标：

1. 理解土壤污染对环境和人类健康的危害，提高对土壤污染问题的重视程度。
2. 培养国际视野，增强道路自信、理论自信、制度自信、文化自信。
3. 加强土壤污染防治的意识和责任感。
4. 养成开展土壤污染状况调查工作的严谨性和科学性。

启智增慧

2016年5月28日，国务院印发了《土壤污染防治行动计划》（国发〔2016〕31号）（简称"土十条"），对今后一个时期我国土壤污染防治工作作出了全面战略部署。2018年6月16日，中共中央、国务院印发《关于全面加强生态环境保护 坚决打好污染防治攻坚战的意见》，将净土保卫战纳入污染防治"三大保卫战"之一。

"土十条"中指出，土壤是经济社会可持续发展的物质基础，关系人民群众身体健康，关系美丽中国建设，保护好土壤环境是推进生态文明建设和维护国家生态安全的重要内容。要全面贯彻党的十八大和十八届三中、四中、五中全会精神，按照"五位一体"总体布局和"四个全面"战略布局，牢固树立创新、协调、绿色、开放、共享的新发展理念，认真落实党中央、国务院决策部署，立足我国国情和发展阶段，着眼经济社会发展全局，以改善土壤环境质量为核心，以保障农产品质量和人居环境安全为出发点，坚持预防为主、保护优先、风险管控，突出重点区域、行业和污染物，实施分类别、分用途、分阶段治理，严控新增污染、逐步减少存量，形成政府主导、企业担责、公众参与、社会监督的土壤污染防治体系，促进土壤资源永续利用，为建设"蓝天常在、青山常在、绿水常在"的美丽中国而奋斗。

具体行动如下：（1）开展土壤污染调查，掌握土壤环境质量状况；（2）推进土壤污染防治立法，建立健全法规标准体系；（3）实施农用地分类管理，保障农业生产环境安全；（4）实施建设用地准入管理，防范人居环境风险；（5）强化未污染土壤保护，严控新增土壤污染；（6）加强污染源监管，做好土壤污染预防工作；（7）开展污染治理与修复，改善区域土壤环境质量；（8）加大科技研发力度，推动环境保护产业发展；（9）发挥政府主导作用，构建土壤环境治理体系；（10）加强目标考核，严格责任追究。

"土十条"明确：到2020年，全国土壤污染加重趋势得到初步遏制，土壤环境质量总体保持稳定，农用地和建设用地土壤环境安全得到基本保障，土壤环境风险得到基本管控。到2030年，全国土壤环境质量稳中向好，农用地和建设用地土壤环境安全得到有效保障，土壤环境风险得到全面管控。到21世纪中叶，土壤环境质量全面改善，生态系统实现良性循环。

任务 1.1 土壤污染特点与来源

任务导入

2004年4月28日，北京市宋家庄地铁工程建筑工地的探井工人正在挖掘提水坑，十五人被分成五组，每三人负责挖一个坑。当31号坑的工人挖掘到3 m深时，他们闻到一股强烈的味道，于是戴上了防毒面具，继续挖掘。挖至5 m深时，三人出现不同程度的不适，甚至产生恶心、呕吐症状，后被送往医院治疗，该施工场地随之被关闭。宋家庄地铁站所在地原是北京一家农药厂厂址，该农药厂始建于20世纪70年代，尽管已搬离多年，但土壤中仍有部分有毒有害物质遗留。原北京市环保局随后开展了土壤污染监测，并将污染土壤挖出运走，进行焚烧处理。

此后，北京市更加重视污染地块的环境管理，并逐步建立相关标准和规范。2004年6月1日，原国家环保总局印发《关于切实做好企业搬迁过程中环境污染防治工作的通知》（环办〔2004〕47号），这标志着我国进一步重视工业污染地块的修复与再开发。

思考：

1. 土壤污染有什么特点？
2. 土壤污染是怎么造成的？

一、土壤污染特点

土壤污染会影响农产品质量安全和人居环境安全，危害人体健康，因此，土壤污染问题时常成为社会关注的热点。

土壤污染，是指因人为因素导致某种物质进入陆地表层土壤，引起土壤化学、物理、生物等方面特性的改变，从而影响土壤功能和有效利用，危害公众健康或者破坏

生态环境的现象。土壤污染的主要特点有以下几个方面。

（一）隐蔽性和滞后性

土壤污染不像大气污染、水污染一样容易被察觉，它被称作"看不见的污染"，一般要通过专业仪器设备检测才会被发现。因此，土壤污染从产生到出现问题通常会滞后较长的时间。如日本因环境污染引发的"痛痛病（镉中毒）"在当地流行了十余年之后才被发现。

（二）累积性和不均质性

土壤吸附、固定作用和植物根际作用会使污染物聚集于土壤中。无机污染物，特别是重金属，能与土壤有机质或矿物质结合，并且长久地留存在土壤中，无论它们如何转化，都很难离开土壤。大气和水体中的污染物容易扩散和稀释，而土壤中的污染物会不断积累。

土壤性质差异较大，且污染物在土壤中迁移缓慢，容易造成土壤污染分布不均、空间差异性大。因此，土壤污染具有很强的地域性特点。

（三）不可逆性

积累在土壤中的难降解污染物很难依靠稀释和自净作用来消除。

重金属对土壤环境造成的污染基本上是一个不可逆转的过程，主要表现为两个方面：一是进入土壤环境后，很难通过自然过程从土壤环境中稀释或消除；二是对生物的危害和对土壤生态系统结构和功能的影响难以恢复。

许多有机化合物造成的土壤污染也需要很长的时间才能降解。尤其是那些持久性有机污染物，在土壤环境中基本上很难降解，甚至会产生毒性较大的中间产物。例如，甲体六六六（六氯环己烷）和DDT（双对氯苯基三氯乙烷）在我国已禁用30多年，但由于有机氯农药很难降解，至今仍能从土壤中检出。

二、土壤污染来源

土壤是一个开放系统，土壤与其他环境要素之间进行着物质和能量的交换。因此，造成土壤污染的物质来源极为广泛，有自然污染源，也有人为污染源。自然污染源是指某些矿床或元素和化合物富集中心周围，由于矿物的自然分解与分化，形成自然扩散带，会使附近土壤中某元素的含量超过一般土壤的含量。人为污染源是土壤环境污染研究的主要对象，包括工业污染源、农业污染源和生活污染源。过去我国经济发展方式粗放，污染物排放量大，导致部分地区土壤中积累的有毒或有害物质超过了环境容量。

（一）工业污染源

工业污染源具备确定的空间位置并稳定排放污染物，其造成的污染多属点源污染，主要有以下几种情况。

1. 工业"三废"对土壤的污染

工业"三废"主要是指工业企业排放的废水、废气、废渣，一般直接由工业"三废"引起的土壤污染仅限于工业区周围数公里范围内。工业"三废"引起的大面积土壤污染都是间接的，且是由于污染物在土壤环境中长期积累而造成的。

（1）废水：工业废水不经处理或处理不达标排放，可引起土壤及地下水污染。

（2）废气：工业废气中有害物质通过烟囱、排气管或无组织形式排放，以微粒、雾滴、气溶胶的形式飞扬，经重力沉降或降水淋洗沉降至地表而污染土壤。钢铁厂、冶炼厂、电厂、硫酸厂、化工厂等均可通过废气排放和重金烟尘的沉降而污染周边土壤，这种污染受气象条件影响明显。

（3）废渣：工业废渣如不加以合理利用和进行妥善处理，任其长期堆放，不仅会占用大片农田，淤塞河道，还会因风吹雨淋而污染堆场周围的土壤及地下水。产生工业废渣的主要行业有化学工业、金属冶炼加工业、非金属矿物加工业、电力煤气生产业、有色金属冶炼业等。另外，很多工业原料、产品本身就是环境污染物。

2. 采矿业对土壤的污染

对自然资源的过度开发会造成多种化学元素在自然生态系统中超量循环。改革开放以来，我国采矿业发展迅猛，年采矿石总量超60亿吨，已成为世界第三大矿业大国。采矿业引发的环境污染和生态破坏也与日俱增，造成的矿山废弃地、尾渣对土壤环境有较大的污染。

（二）农业污染源

在农业生产中，为了提高农产品的产量，过多地施用化学农药、化肥，以及污水灌溉、农用地膜残留、畜禽粪便堆存等，都会使土壤环境遭受不同程度的污染。农业污染源大多无确定的空间位置、无固定的排放时间、污染物种类繁多且复杂，多属面源污染，具有更强的复杂性和隐蔽性，且不容易得到有效的控制。

1．农药、化肥的使用

化学农药中的有机氯杀虫剂，可较长时期地残留在土壤中。如施用含有镉、汞、砷、铅、铬等重金属的化肥，会导致土壤重金属含量增加。

2．污水灌溉

未经处理的工业废水和混合污水中含有各种各样的污染物，用作灌溉会对土壤环境造成危害。最常见的是引灌含盐、酸、碱的工业废水，使土壤盐化、酸化、碱化，降低或失去自然生产力。此外，用含重金属污染物的工业废水灌溉，还会导致土壤中重金属的累积。

3．农用地膜

农用薄地膜在生产过程中一般会添加邻苯二甲酸酯类物质作为增塑剂，这类物质不易降解、毒性较大，且会逐年累积。

4．畜禽粪便堆存

畜禽粪便产生量大，堆存不当容易成为土壤污染源。一方面，被粪便污染的污水进入土壤，会造成水源型的土壤污染；另一方面，空气中的恶臭性有害气体降落到地面，会造成大气沉降型的土壤污染。

（三）生活污染源

生活污染源主要包括生活垃圾、公路交通污染源等。

1．生活垃圾

社会经济快速发展导致"垃圾围城"，垃圾的露天堆放和填埋处理，需要占用大量的土地资源。生活垃圾不仅产生量迅速增长，而且化学组成也更复杂，含有各种重金属和其他有害物质，成为土壤的主要生活污染源之一。

2. 公路交通污染源

随着社会的发展、城市的建设，家庭轿车、运输车辆等机动车剧增，交通活动越来越频繁，使得公路交通成为新的污染源。机动车尾气排放产生的含硫化合物、含氮化合物、碳氧化合物、碳氢化合物、铅等通过大气沉降进入土壤，这些污染物还会在雨水淋溶作用下，通过地表径流迁移至土壤和地下水中。另外，运输过程中的有毒、有害物质泄漏也是潜在的移动污染源。

1. 土壤污染为什么被称为"看不见的污染"？有什么办法可以使土壤污染现形？

2. 有人说：土壤是水污染和大气污染的受体。你认同这种说法吗？为什么？

任务 1.2　国内外土壤环境管理情况

任务导入

19世纪90年代，美国企业家威廉·拉夫（William T. Love）计划修建一条连接尼亚加拉河上下游的运河，并在运河中修筑水力发电设施。这条计划中的新运河以拉夫的姓氏（Love）命名，称为拉夫运河，也叫"爱河"。

然而事与愿违，1893年的经济危机让投资者纷纷撤回投资。雪上加霜的是国会通过法律禁止从尼亚加拉瀑布取水，这导致工程完全停止，拉夫运河工程烂尾，留下一个长约1.6 km，宽15 m，深3～12 m的大凹槽。1920年后，尼亚加拉市政府开始向河槽中倾倒垃圾。1942年，拉夫运河的处境更加糟糕，胡克电化学公司发现这一巨大的河槽是一个倾倒工业废物的理想之地，于是将其买下，把积水排空，并做了必要的防护处理，然后把工业废料悉数倾倒于此。1948年，尼亚加拉市政府以及美国军队也一直利用这一地点倾倒垃圾。

截至1953年，胡克电化学公司共计倾倒了2万多吨工业废料，包括碱性物质、卤代烃类和染料生产的废料。胡克电化学公司结束工业废料倾倒后，用黏土掩埋河槽，还在其表层撒上泥土、种上植物，然后把这块倾倒过工业废料的土地以1美元的象征性价格卖给了尼亚加拉市教育委员会。因担心这块地存在危害，将来会有法律风险，胡克电化学公司在买卖合同中特别申明免除其承担任何由于工业废料造成的损失。

1954年，尽管有以上关于工业废料的申明，尼亚加拉市教育委员会仍然开始在工业废料的埋藏处正上方修建小学。然而好景不长，从1977年开始，社区居民不断患上各种怪病，孕妇流产、儿童夭折、婴儿畸形等病症也频频发生，昔日的繁华社区逐渐被伤病的阴霾笼罩。

1978年，美国政府宣布这一地区进入"紧急状态"，社区居民被陆续撤离。事发之后，社区居民纷纷起诉倾倒化学废料的胡克电化学公司，但由于当时没有相应的法律规定，胡克电化学公司又在多年前就已经将运河土地转让，并附上了有毒物质的警告书，诉讼屡遭失败。

1980年12月11日，美国国会通过《环境反应、赔偿和责任综合法》。根据这部法律，胡克电化学公司和纽约州政府被认定为加害方，共赔偿受害居民经济损失和健康损失费30亿美元。该法案因其中的超级基金（Super Fund）而闻名，因此又被称为"超级基金法"。

> 思考：
> 1. 美国"超级基金法"确立了哪些重要制度？
> 2. "超级基金法"对我国土壤环境管理有哪些启示？

一、我国土壤环境管理开展情况

20世纪80年代，我国开始关注矿区土壤污染和六六六、DDT农药大量使用造成的耕地污染等问题，逐步将土壤污染防治纳入环境保护重点工作。根据土壤污染防治政策研究进展，可以将我国土壤环境管理发展历程划分为四个阶段（图1-1）。

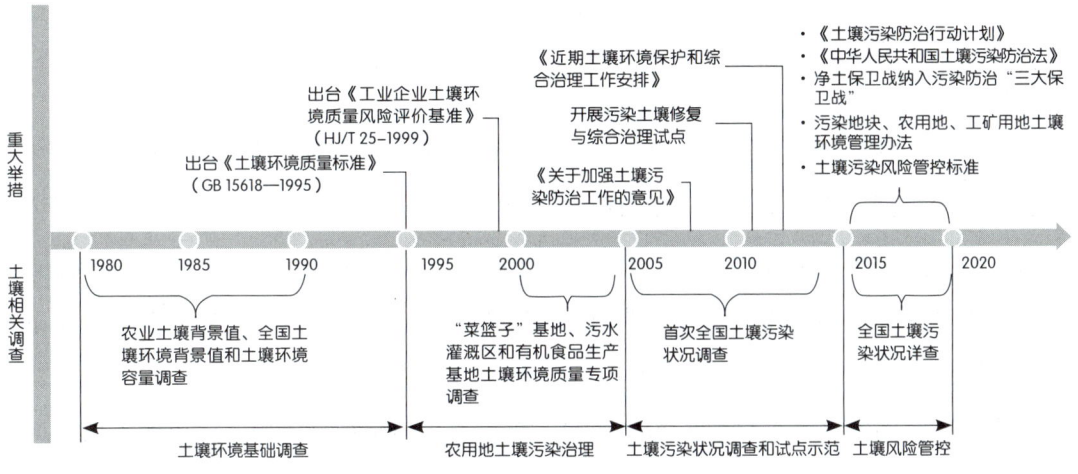

图1-1 我国土壤环境管理发展历程

（一）"六五"至"八五"规划时期

土壤环境基础调查是这一时期的主要土壤调查。随着经济社会的迅速发展，土壤污染问题越来越受到社会关注。1979年颁布的《中华人民共和国环境保护法（试行）》最早在立法中提出保护土壤、防治污染的要求：推广综合防治和生物防治，合理利用污水灌溉，防止土壤和作物的污染。"六五""七五"规划期间，相关部门在国家科技攻关项目支持下开展了农业土壤背景值、全国土壤环境背景值和土壤环境容量等基础研究，编辑出版了《中国土壤元素背景值》和《土壤环境背景值图集》，并在此基础上，制定了《土壤环境质量标准》（GB 15618—1995），填补了我国土壤环境质量标准的空白。此外，相关部门还颁布了一系列农用地土壤污染源防控技术标准。

（二）"九五"至"十五"规划时期

农用地土壤污染治理是这一时期土壤环境管理工作的重点。我国人口基数大，人均耕地面积小，对土壤环境关注的重点是提高土壤肥力、增加粮食产量，因此这一时期土壤污染防治的重点仍然是农用地。《国家环境保护"十五"计划》提出了防止农作物污染、确保农产品安全的土壤污染防治具体措施。相关部门开展了土壤污染防治与修复技术相关技术标准研究，发布实施《工业企业土壤环境质量风险评价基准》（HJ/T 25—1999），提出了一批土壤环境监测分析方法，有效提升了土壤环境管理水平。

（三）"十一五"至"十二五"规划时期

土壤污染状况调查和试点示范是这一时期土壤环境管理的主要工作。这一时期土壤污染防治逐渐成为环境保护工作的重点，相关政策部署相继出台，并开展了一系列土壤污染状况调查、治理试点示范等工作。2008年，原国家环保总局在北京召开第一次全国土壤污染防治工作会议，要求切实解决当前突出的土壤环境问题。此后，土壤污染防治工作逐步提上重要议事日程。

为掌握全国土壤污染状况，2005—2013年，原环境保护部、原国土资源部联合开展了首次全国土壤污染状况调查，从国家层面上初步摸清了土壤污染状况。

（四）"十三五"规划时期

2016年，国务院印发《土壤污染防治行动计划》，这是中国土壤环境管理领域的纲领性文件，对此后中国土壤污染防治工作作出了全面部署。2019年1月1日，《中华人民共和国土壤污染防治法》正式实施，填补了中国土壤污染防治领域的法律空白。

根据国内外土壤污染防治经验，中国建立了以风险管控为核心的土壤污染防治体系，土壤污染防治基本形成以"一条一法两标三部令"为主体、若干技术规范为支撑的土壤污染防治"四梁八柱"制度体系（图1-2）。

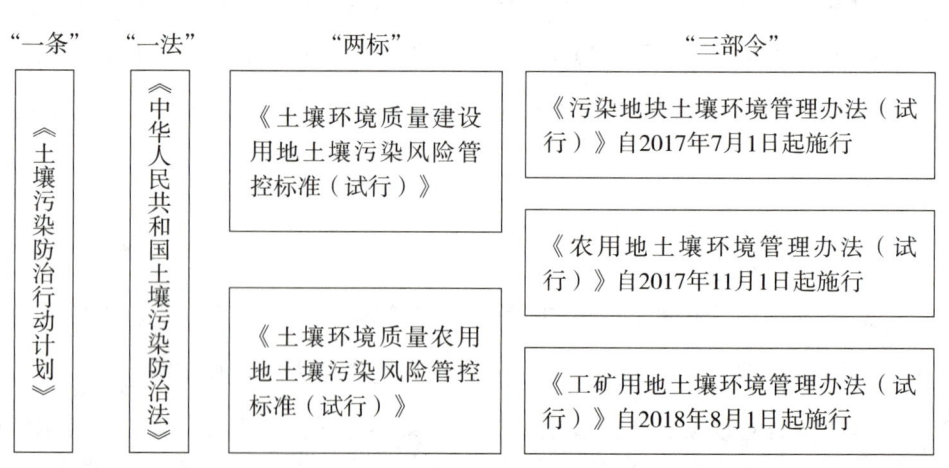

图1-2 我国土壤环境管理制度体系

（五）"十四五"规划时期

党的二十大报告指出：加强土壤污染源头防控，开展新污染物治理。这对土壤污染防治提出了新要求。"十四五"规划期间，我国贯彻"水土共治"的理念，强化"地表与地下、土壤与地下水、区域与场地"协同治理，加快推进建立量大面广的在产企业土壤和地下水污染预防、应急、管控与修复体系，并通过大力推进土地资产全生命周期环境风险管理试点，逐步建立起在产企业全生命周期土壤环境管理体系。2021年，我国开展了全国首轮土壤污染隐患排查。2022年1月1日《工业企业土壤和地下水自行监测技术指南（试行）》（HJ 1209—2021）实施，进一步指导和规范工业企业土壤和地下水自行监测工作。

2022年7月8日，为贯彻落实《中华人民共和国土壤污染防治法》，进一步加强建设用地土壤污染状况调查工作的监督管理，指导做好过程质量控制，推动提高调查工作质量，生态环境部发布了《建设用地土壤污染状况初步调查监督检查工作指南（试行）》和《建设用地土壤污染状况调查质量控制技术规定（试行）》。

二、国外土壤环境管理开展情况

（一）法律法规

20世纪后期，世界经济飞速发展，许多国家和地区在工业化进程中忽略了环境保护，先后出现了土壤污染事件。愈演愈烈的土壤污染事件，成为推动立法的根本动力。从世界范围来看，土壤污染防治立法始于20世纪70年代，在20世纪末期形成立法高潮，并普遍经历了从分散立法到专门立法的过程。

1. 北美

从1977年起，著名的"拉夫运河污染事件"引起了美国民众对土壤污染的关注，也使得美国政府开始认识到土壤污染的巨大危害。面对严重的由危险物质泄漏引起的土壤污染问题，美国国会于1980年通过了《环境反应、赔偿和责任综合法》，建立了"严格的无限连带责任制度"，激发了国际社会对土壤污染的关注和重视。2001年，美国制定了《小型企业责任免除和棕色地块振兴法案》，免除中小企业一定责任，促进污染地块的再开发利用。

加拿大环境保护委员会于1989年启动了为期5年、投资25亿加元的"国家污染场地修复计划"。加拿大不列颠哥伦比亚省于1996年颁布了《污染场地条例》；2003年颁布了《环境管理法》，其中第四部分"污染场地修复"以专章的形式出现。

2. 欧洲

荷兰是欧盟中最先制定土壤保护专门法律的国家之一，1983年开始土壤修复立法工作，颁布了《土壤修复（暂行）法案》，引入"多功能土壤"概念；1987年颁布了《土壤保护法》，提出污染者付费原则。1994年，荷兰对《土壤保护法》进行重要修订，建立了基于风险的标准值体系。2008年，荷兰发布了《土壤质量法令》，以"适用性"替代"多功能土壤"，土壤管理政策从土壤保护转向土壤可持续利用，土壤环境管理职权从国家层面转向地方层面。

德国的土壤保护政策经历了长期的发展过程。早在1985年的《德国联邦政府土壤保护战略》中就首次归纳和评估了影响土壤的重要因素。1987年出台的《土壤保护行动计划》，强调将土壤保护作为今后环保政策里最重要的跨领域任务之一。1999年3月生效的《联邦土壤保护法》是德国第一部关于土壤保护的法律。同年7月，与其配套的《联邦土壤保护与污染地条例》也正式生效。

20世纪70年代后，以可持续发展、污染者付费和污染预防为基本原则，英国的立法指导思想转为通过制定环境标准来防治环境问题。1990年颁布的《环境保护法案》第2A部分是英国污染场地管理的核心法规，为土壤污染鉴定及恢复整治提供了依据，并明确了污染场地的定义，将风险评估的思想纳入土壤污染防治。英国其他重要的污染场地法规包括《规划政策声明23》《城乡规划法》《水资源法》等。

3. 东亚

在工业化较早的日本，1968年的"痛痛病"事件直接推动了1970年《农业用地土壤污染防治法》的出台，但是该法仅适用于农村地区，仅限于土壤的表层，对20世纪70年代以后城市地区频繁出现的大量土壤污染事件无能为力。1975年，大量六价铬污染土壤事件在东京地区频繁暴发，逐渐演变成严重的社会问题，进而引起全社会对"城市型"土壤污染的关注。2002年5月29日，日本公布了针对"城市型"土壤污染的《土壤污染对策法》，并于同年12月26日公布了《土壤污染防治法实施细则》。

20世纪70至80年代，韩国先后制定了空气、水、噪声等单项污染防治法。1995年1

月5日韩国正式颁布了《土壤环境保护法》，1999年12月29日又颁布了《土壤环境保护实施细则》，并在之后对这些法规进行了多次修订。

（二）技术标准

欧美各国的土壤环境标准制定普遍经历了从"一刀切"到"因地制宜"，从"严格"到"适用"的过程。

荷兰较早地认识到土壤环境标准的重要性，在1983年发布的《土壤修复指南》中首次提出了土壤环境标准，即A、B、C值，并率先将土壤环境标准作为土壤立法的一部分。此后，荷兰不断更新、完善法规标准体系，使其在土壤环境基准研究方面处于领先地位。1994年，荷兰引入污染土壤的人体健康风险评估和陆生生态风险评估方法，建立了包括目标值和干预值的标准值体系；2000年，荷兰发布了《荷兰目标值及干涉值》；2006年，在更新的相关文件中，以土壤背景值代替目标值；2008年，发布修订的《土壤修复通令》，其中保留了土壤干预值，不再规定目标值（改为在标准化和土壤质量评估报告中提出）；2013年，荷兰发布修订的《土壤修复通令》，其中规定了金属、无机物、芳香烃、多环芳烃、氯代烃、农药和其他物质共6大类83种指标的土壤干预值标准。除干预值外，荷兰针对分析测试方法标准尚未建立或制定干预值所需生态毒性数据尚不充分的部分污染物，制定了土壤严重污染的指示值。荷兰制定的土壤干预值实用性强，在欧洲影响极大，早期英国、法国、德国、比利时等国家都采用了荷兰干预值作为土壤治理的评估标准或者修复目标。

美国实施分层次的管理框架，确定了基于风险管理和地块土壤筛选水平的指导值。加拿大根据场地对人体健康与环境有无造成立即或潜在威胁的可能性，对地块进行分级。德国在《联邦土壤保护和污染地块条例》中详细规定了预防值、触发值、行动值3类土壤污染标准的用途：超过预防值意味着未来有可能产生土壤污染问题；超过触发值则需启动调查评估程序以判断土壤污染是否存在风险；超过行动值则意味着风险影响人类健康或环境，应当采取行动消除风险。英国建立了住宅用地、蔬菜水果园地、商业与工业用地等不同利用条件的土壤指导值，其土壤污染指导性标准主要建立在对人体健康的风险的基础上，并不考虑对土壤环境中其他受体的风险性，如植物、动物、建筑物和受控水体等。

（三）监管制度

美国建立了"国家优先名录"，并实施动态管理，即治理完成的地块退出名录、新发现的严重污染地块进入名录。在无法确定责任主体或责任主体无力承担治理费用时，超级基金将先拨款支付相关费用，但此后可向责任者追讨。

欧盟建立了污染土地名单制度，由成员国确定国内污染地块名单，由本国主管机构开展风险评估。污染土地交易出售时，实施土壤现状报告制度，土地的所有者或准买家应向成员国内的主管机构以及其他交易主体提供土壤现状报告。

欧美各国相继对经修复的土地建立监测与长效管控机制，如英国建立机制对修复后的污染土地进行长期监测与维护。美国、加拿大还对污染土地修复后的操作与维护、修复方案优化等进行了探索。

（四）资金筹措

欧美各国普遍建立了多元化的资金筹措机制。美国《超级基金法》确立污染者付费和受益者付费原则，资金来源主要包括原料税、环境税、财政拨款以及对责任人追偿的费用和罚款等。加拿大的政府资金则由联邦政府和加拿大城市联合会共同管理，并于2000年成立绿色城市基金。欧盟的资金来源主要有废弃物征收税、工业基金、政府津贴、土地注册交易费、污染土地拍卖所得、私人筹措资金等。

（五）运行机制

美国环保署（EPA）是美国土地污染治理的主导机构，负责评估土地的可持续开发利用；同时，州政府也有监督责任，地方政府和社区推动联邦政府关注土地污染问题。美国强调土地污染治理是各级政府及私人机构、非政府组织和地方社区的共同任务，非政府组织积极参与并投资于土地污染的治理，有效推进治理进程。

加拿大设立跨省协调委员会，即加拿大环境部长理事会（CCME），在联邦、省级和地区政府的环境大臣之间建立广泛合作关系，在污染治理跨部门战略中起重要作用。各州及地区负责制定本辖区内的污染土地修复标准、指导值导则以及风险评价的执行程序。

荷兰由国家政府、各相关行政主管部门、各省级行政单位及各水域管理单位共同建立国家污染土壤治理修复框架。地方行政主管部门基于市政土地使用规划和土地用途绘制土壤功能区划图，便于实施污染治理工作。

英国规定地方政府在土地污染治理上有主要执行权，土地污染整治计划和控制机制由地方环保机关负责。

各国都鼓励社会各界积极参与决策过程，并鼓励民营资本参与土壤修复工程。

1. "十四五"规划期间，我国在土壤环境管理方面有哪些最新举措？

2. 荷兰土壤质量标准为何具有广泛的影响力，其先进之处在哪里？请通过查找文献资料寻找答案。

任务 1.3 我国土壤污染状况调查工作开展情况

2022年1月29日，《国务院关于开展第三次全国土壤普查的通知》（国发〔2022〕4号）印发，决定自2022年起开展第三次全国土壤普查，利用四年时间全面查清农用地土壤质量家底。

普查工作以习近平新时代中国特色社会主义思想为指导，全面贯彻党的十九大和十九届历次全会精神，深入落实党中央、国务院关于耕地保护建设和生态文明建设的决策部署；遵循土壤普查的全面性、科学性、专业性原则，衔接已有成果，借鉴以往经验做法，坚持摸清土壤质量与完善土壤类型相结合、土壤性状普查与土壤利用调查相结合、外业调查观测与内业测试化验相结合、土壤表层采样与重点剖面采集相结合、摸清土壤障碍因素与提出改良培肥措施相结合、政府主导与专业支撑相结合，统一普查工作平台、统一技术规程、统一工作底图、统一规划布设采样点位、统一筛选测试化验专业机构、统一过程质控；按照"统一领导、部门协作、分级负责、各方参与"的组织实施方式，到2025年实现对全国耕地、园地、林地、草地等土壤的"全面体检"，摸清土壤质量"家底"，为守住耕地红线、保护生态环境、优化农业生产布局、推进农业高质量发展奠定坚实基础。

普查的主要任务是以完善与校核补充土壤类型为基础，以土壤理化性状普查为重点，更新和完善全国土壤基础数据，构建土壤数据库和样品库，开展数据整理审核、分析和成果汇总。查清不同生态条件、不同利用类型土壤质量及其障碍退化状况，摸清特色农产品产地土壤特征、后备耕地资源土壤质量、典型区域土壤环境和生物多样性等，全面查清农用地土壤质量家底。

普查工作按照"一年试点、两年铺开、一年收尾"的时间安排进度有序开展。2022年启动土壤"三普"工作，开展普查试点；2023—2024年全面铺开普查；2025年进行成果验收、汇交与总结。

> **思考：**
> 全国土壤普查与全国土壤污染状况调查有什么不同之处？

一、开展第一次全国土壤污染状况调查，掌握土壤污染状况

多年来，党中央、国务院高度重视土壤环境保护工作，面对严重的土壤环境形势，我国采取了一系列的措施加强土壤环境保护和污染治理，坚决向土壤污染宣战。为全面准确掌握土壤污染状况，1999年以来，原国土资源部开展了多目标区域地球化学调查，截至2014年，完成土壤调查面积$1\,507 \times 10^3\ km^2$。2005年4月至2013年12月，环境保护部会同原国土资源部开展了首次全国土壤污染状况调查，调查面积约$630 \times 10^4\ km^2$。

2014年4月17日，原环境保护部和原国土资源部联合发布了《全国土壤污染状况调查公报》。调查结果表明，全国土壤污染总体状况不容乐观，土壤超标点位的数量占调查点位总数量的比例即总点位超标率为16.1%。土壤污染类型以无机污染为主，有机污染次之，复合型污染所占比重较小。在不同土地利用类型中，耕地、林地、草地、未利用地土壤点位超标率分别为19.4%、10.0%、10.4%、11.4%。从污染分布情况看，南方土壤污染状况重于北方。长江三角洲、珠江三角洲、东北老工业基地等部分区域土壤污染问题较为突出，西南、中南地区土壤重金属超标范围较大；镉、汞、砷、铅4种无机污染物含量分布呈现从西北到东南方向、从东北到西南方向逐渐升高的态势。

调查结果显示，部分地区土壤污染情况较为严重。其中，工矿业废弃地土壤环境污染问题突出：在调查的690家重污染企业用地及其周边的5 846个土壤点位中，超标点位占36.3%，主要涉及黑色金属、有色金属、皮革制品、造纸、石油煤炭、化工医药、化纤橡塑、矿物制品、金属制品、电力等行业；在调查的81块工业废弃地的775个土壤点位中，超标点位占34.9%，主要污染物为锌、汞、铅、铬、砷和多环芳烃，主要涉及化工业、矿业、冶金业等行业；在调查的146家工业园区的2 523个土壤点位中，超标点位占29.4%，其中，金属冶炼类工业园区及其周边土壤主要污染物为镉、铅、铜、砷和锌，化工类园区及周边土壤的主要污染物为多环芳烃；在调查的188处固体废物处理处置场地的1 351个土壤点位中，超标点位占21.3%，以无机污染为主，垃圾焚烧和填埋场有机污染严重；在调查的13个采油区的494个土壤点位中，超标点位占23.6%，主要污染物为石油烃和多环芳烃；在调查的70个矿区的1 672个土壤点位中，超标点位占33.4%，主要污染物为镉、铅、砷和多环芳烃，有色金属矿区周边土壤镉、砷、铅等污染较为严重；在调查的55个污水灌溉区中，有39个存在土壤污染，在1 378个土壤点位中，超标点位占26.4%，主要污染物为镉、砷和多环芳烃；在调查的267条干线公路两侧的1 578个土壤点位中，超标点位占20.3%，主要污染物为铅、锌、砷和多环芳烃，污染一般集中在公路两侧150 m范围内。

二、开展重点行业企业土壤环境质量状况调查，摸清土壤污染底数

为进一步提高土壤环境调查精度，摸清土壤污染底数，贯彻落实《土壤污染防

治行动计划》，原环境保护部、财政部、原国土资源部、原农业部、原卫生计生委于2017年7月31日在北京联合召开了全国土壤污染状况详查工作动员部署视频会议，要求开展以农用地和重点行业企业用地为重点的土壤污染状况详查，并在2020年底前掌握重点行业企业用地中的污染地块分布及其环境风险情况。

三、制定土壤污染重点监管单位名录，开展自行监测和隐患排查

《中华人民共和国土壤污染防治法》第二十一条规定，设区的市级以上地方人民政府生态环境主管部门应当按照国务院生态环境主管部门的规定，根据有毒有害物质排放等情况，制定本行政区域土壤污染重点监管单位名录，向社会公开并适时更新。

土壤重点监管单位应建立土壤污染隐患排查制度，制订、实施自行监测方案，并将监测数据报生态环境主管部门；设区的市级以上地方人民政府生态环境主管部门应当定期对土壤污染重点监管单位周边土壤进行监测。2021年1月4日，生态环境部发布了《重点监管单位土壤污染隐患排查指南（试行）》，为重点监管单位依法建立土壤污染隐患排查制度、规范开展隐患排查和整改提供了参考依据。

四、建立调查评估制度，健全法律、法规和标准体系

（一）建立调查评估制度

2017年12月14日，原环境保护部发布了《建设用地土壤环境调查评估技术指南》。该指南适用于《污染地块土壤环境管理办法（试行）》（环境保护部令第42号）规定的疑似污染地块对人体健康风险的土壤环境初步调查、污染地块土壤环境详细调查与风险评估，明确了适用范围、调查评估程序、调查评估要点、风险评估要点等内容，进一步规范了建设用地土壤环境调查工作。

（二）健全法律、法规和标准体系

1. 法律、法规体系建设

2016年5月28日，国务院印发了《土壤污染防治行动计划》，作为这之后一个时期全国土壤污染防治工作的行动纲领。

为贯彻落实《土壤污染防治行动计划》，加强污染地块环境保护监督管理，2016年12月31日，原环境保护部发布了《污染地块土壤环境管理办法（试行）》，该办法明确了监管重点，突出了风险管控，明确了土地使用权人、土壤污染责任人、专业机构及第三方机构的责任，强化了信息公开力度，规定了开展土壤环境调查、土壤环境风险评估、风险管控、污染地块治理与修复效果评估的具体管理措施。该办法主要是针对已经停止使用的污染土壤进行治理修复，为加强污染地块环境保护监督管理提供了支撑，填补了现行法律法规对疑似污染地块和污染地块相关活动及其环境保护监管的空白，为土壤污染防治立法工作提供了经验。

为了加强工矿用地土壤和地下水环境保护监督管理，防治工矿用地土壤和地下水污染，贯彻落实《土壤污染防治行动计划》的有关要求，2018年5月3日，生态环境部发布了《工矿用地土壤环境管理办法（试行）》，该办法主要适用于从事工业、矿业生产经营活动的土壤环境污染重点监管单位用地土壤和地下水的环境现状调查、环境影响评价、污染防治设施的建设和运行管理、污染隐患排查、环境监测和风险评估、污染应急、风险管控和治理与修复等活动，以及相关环境保护监督管理。

2018年8月31日，十三届全国人大常委会第五次会议全票通过了《中华人民共和国土壤污染防治法》，该法于2019年1月1日起正式施行，为我国土壤污染防治工作提供了法治保障。

2．标准体系建设

2018年7月13日，生态环境部、国家市场监督管理总局发布了《土壤环境质量建设用地土壤污染风险管控标准（试行）》（GB 36600—2018），该标准规定了保护人体健康的建设用地土壤污染风险筛选值和管制值，以及监测、实施与监督要求；为建设用地土壤污染风险筛查和风险管制提供了依据。2019年12月5日，生态环境部发布了《建设用地土壤污染状况调查技术导则》（HJ 25.1—2019）、《建设用地土壤污染风险管控和修复监测技术导则》（HJ 25.2—2019）、《建设用地土壤污染风险评估技术导则》（HJ 25.3—2019）、《建设用地土壤修复技术导则》（HJ 25.4—2019）、《建设用地土壤污染风险管控和修复术语》（HJ 682—2019）等5项标准，完成了土壤环境监测、调查评估、风险管控、治理与修复等技术规范的修订工作，进一步完善了建设用地土壤环境调查标准体系。

五、实行建设用地土壤污染风险管控和修复名录制度

《土壤污染防治行动计划》明确了各地要结合土壤污染状况详查情况，根据建设用地土壤环境调查评估结果，逐步建立污染地块名录及其开发利用的负面清单，合理确定土地用途。《中华人民共和国土壤污染防治法》第五十八条规定，国家实行建设用地土壤污染风险管控和修复名录制度。建设用地土壤污染风险管控和修复名录由省级人民政府生态环境主管部门会同自然资源等主管部门制定，按照规定向社会公开，并根据风险管控、修复情况适时更新。

 拓展提升

1. 有人说，全国重点行业企业用地调查和农用地详查是土壤污染防治从业人员的一次大练兵，你认同吗？说说你的看法。

2. 重点行业企业用地调查主要包括哪些重点行业企业？具体是如何开展的？

任务 1.4 土壤污染状况调查的工作程序、方法与原则

 任务导入

广州市生态环境局对A公司罚款19万元，处罚事由为其负责开发的地块在未完成土壤污染状况调查的情况下违法施工。

A公司违法事实如下："A公司于2018年在广州市某村设立村更新改造项目部，主

要从事旧村改造。该单位负责开发的地块2020年开始进行土壤污染状况调查，并就该地块的《土壤污染状况调查报告》召开了专家评审会，该报告需经修改完善并经专家复核后方可作为下一步工作的依据，但A公司在未完成土壤污染状况调查修改完善的情况下，便开始对地块进行施工，主要进行了场地平整及规划道路支护等工作。现场检查时该地块有8台桩机，5台挖机，地块表面已覆盖黄土。"

A公司违反了《中华人民共和国土壤污染防治法》第五十九条规定。广州市生态环境局依据《中华人民共和国土壤污染防治法》第九十四条第（一）项规定，对A公司作出上述罚款处罚。

思考：

1. 什么情况下要进行建设用地土壤污染状况调查？
2. 建设用地土壤污染状况调查是如何开展的？

一、土壤污染状况调查的政策要求和前提条件

（一）政策要求

2016年5月28日发布的《国务院关于印发土壤污染防治行动计划的通知》（国发〔2016〕31号）中明确提出："自2017年起，对拟收回土地使用权的有色金属冶炼、石油加工、化工、焦化、电镀、制革等行业企业用地，以及用途拟变更为居住和商业、学校、医疗、养老机构等公共设施的上述企业用地，由土地使用权人负责开展土壤环境状况调查评估；已经收回的，由所在地市、县级人民政府负责开展调查评估。"

2017年7月1日起施行的《污染地块土壤环境管理办法（试行）》第三条规定：拟收回土地使用权的，已收回土地使用权的，以及用途拟变更为居住用地和商业、学校、医疗、养老机构等公共设施用地的疑似污染地块和污染地块相关活动及其环境保护监督管理，需在变更前完成土壤环境状况调查。

2019年1月1日正式实施的《中华人民共和国土壤污染防治法》第五十九条规定：对土壤污染状况普查、详查和监测、现场检查表明有土壤污染风险的建设用地地块，地方人民政府生态环境主管部门应当要求土地使用权人按照规定进行土壤污染状况调

查。用途变更为住宅、公共管理与公共服务用地的，变更前应当按照规定进行土壤污染状况调查。前两款规定的土壤污染状况调查报告应当报地方人民政府生态环境主管部门，由地方人民政府生态环境主管部门会同自然资源主管部门组织评审。

（二）前提条件

建设用地土壤污染状况调查原则上应在地块内原有工业生产行为完全停止，涉及有毒有害物质的储罐（槽）、污水处理设施等拆除，土壤和地下水环境风险较高的有毒有害物质清理完成后，启动调查工作。如在第二阶段调查前部分区域无法停产、拆除或清理的，应待该区域停产、拆除或清理并进行补充调查后，方可进行下一阶段工作。储罐（槽）、污水处理设施等确无法拆除的，可在其内容物质完成清理、具备底部采样条件时进行调查。

二、土壤污染状况调查的工作程序与方法

建设用地土壤污染状况调查可分为三个阶段，调查工作程序如图1-3所示。

（一）第一阶段调查（污染识别）

本阶段调查以资料收集、现场踏勘和人员访谈为主，进行污染识别，原则上不进行现场采样分析。若本阶段调查确认地块内及周围区域当前和历史上均无可能的污染源，则认为地块的环境状况可接受，调查活动可以结束；否则，应开展第二阶段调查。

（二）第二阶段调查（采样分析）

本阶段调查以采样与分析为主，进行污染证实。若第一阶段调查表明地块内或周围区域存在可能的污染源，如化工厂、农药厂、冶炼厂、市政及工业园区污水处理厂、加油站、化学品储罐等可能产生有毒有害物质的设施或固体废物处理、有色金属矿采选、石油加工、焦化、电镀、制革、造纸、印染、汽车拆解、造船、铅酸蓄电池制造、废旧电子拆解、火力发电等可能产生有毒有害物质的活动，以及由于资料缺失等原因造成无法判断地块内是否存在污染源时，应进行第二阶段调查，以确认地块是否存在污染及污染物种类浓度（程度）和空间分布。

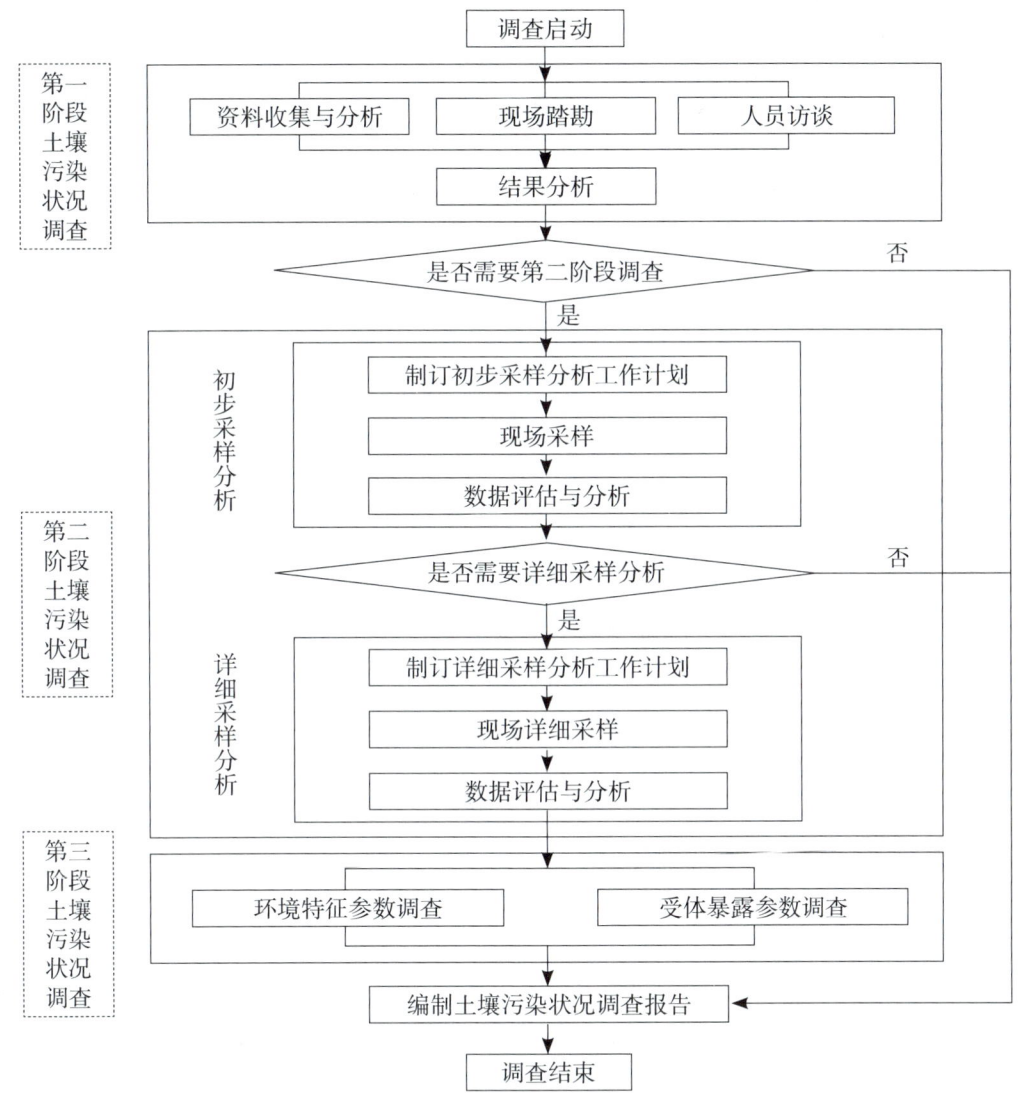

图1-3 建设用地土壤污染状况调查工作程序图

本阶段调查通常可分为初步采样分析和详细采样分析两步进行，包括制订工作计划、现场采样、测试分析、数据评估和结果评价等步骤。初步采样分析和详细采样分析均可根据实际情况分批次实施，以减少调查的不确定性。

根据初步采样分析结果，如果污染物浓度均未超过相应风险筛选值，并经不确定性分析确认不需要进一步调查后，第二阶段调查工作可以结束；否则认为可能存在环境风险，应进行详细采样分析。详细采样分析是在初步采样分析的基础上，进一步采样和分析，以确定土壤污染程度和范围。

土壤污染状况调查

（三）第三阶段调查（参数调查）

本阶段调查通过资料查询、现场实测和实验室测试分析等方法，获得满足风险评估所需的参数。

本阶段的调查工作可单独进行，也可在第二阶段调查过程中同时开展。

三、土壤污染状况调查的原则

土壤污染状况调查是要了解地块的"过去"，了解曾经的人类活动对土壤造成的负面影响。由于土壤污染"看不见、摸不着"，调查人员面对这片土壤，无异于"盲人"。"盲人摸象"故事启发我们，评价事物要全面、客观并遵循一定的程序和方法，不能妄下结论。土壤污染状况调查主要遵循以下三项原则。

针对性原则：针对地块的特征和潜在污染物特性进行调查。

规范性原则：采用程序化和系统化的方式规范调查过程，保证调查过程的科学性和客观性。

可操作性原则：综合考虑调查方法、时间和经费等因素，结合当前科技发展和专业技术水平，使调查过程切实可行。

> **拓展提升**
>
> 1. 土壤污染状况调查为什么要在生产活动停止、生产设施拆除、有毒有害物质清理完成后才启动？
>
> 2. 有人说，深入了解和研究国外土壤环境管理的发展历程、政策法规和技术标准，并学习其先进之处，可以让我国在起步较晚的情况下实现"弯道超车"。你认同吗？说说你的看法。

项目评价

本项目评价如表1-1所示。

表1-1 项目评价表

评分项	评分子项	评分细则	总分	评分	点评
土壤污染特点与来源（20分）	土壤污染特点	掌握和理解土壤污染的特点	10分		
	土壤污染来源	了解土壤污染的来源和污染物迁移途径	10分		
国内外土壤环境管理情况（30分）	我国土壤环境管理开展情况	了解我国土壤环境管理发展历程和现状	15分		
	国外土壤环境管理开展情况	了解美国"超级基金法"的重要条款和内涵；认识并理解荷兰土壤质量标准的先进性和影响力	15分		
我国土壤污染状况调查工作开展情况（20分）	我国土壤污染状况	了解我国土壤污染状况和特点	10分		
	调查与评估工作开展情况	了解我国土壤污染调查与评估的相关制度	10分		
土壤污染状况调查的工作程序、方法与原则（30分）	土壤污染状况调查的启动	了解调查启动的政策要求和前提条件	15分		
	土壤污染状况调查工作程序	了解调查的工作程序和主要内容	15分		

实践活动

土壤污染状况及管理政策调查实训

一、实训目的

立足家乡所在地市，以小见大，了解当地土壤污染状况、相关主管部门近年来在土壤环境管理方面做出的努力以及取得的成效。

二、实训方法和内容

（1）通过图书馆和网络等途径，了解家乡土壤污染状况。

（2）通过当地的生态环境部门网站等途径，了解当地土壤环境管理的政策。

三、实训成果

将搜集的资料按如下大纲整理成实训报告。

（一）家乡的土壤

说明家乡的地理位置、气候条件、地形地貌、水文地质、土壤类型等，并展开论述。

（二）土壤污染状况

介绍家乡土壤污染的情况，列举一两个典型事件或案例；分析家乡土壤污染防治面临的问题与挑战。

（三）土壤环境管理的工作及成效

阐述家乡土壤修复工作开展的情况，政府制定的相关政策以及取得的成效等。

项目2　第一阶段调查：污染识别

 项目导读

第一阶段调查是以资料收集、现场踏勘和人员访谈为主的污染识别过程，原则上不进行现场采样分析。若第一阶段调查确认地块内及周围区域当前和历史上均无可能的污染源，则认为地块的环境状况可以接受，调查活动可以结束。本项目主要介绍了资料收集与分析、现场踏勘和人员访谈的主要内容和方法，并讲解了调查结果的分析方法，以及如何判断是否进入第二阶段调查。

 学习目标

知识目标：
1. 掌握资料收集的内容与方法，并对资料进行有效分析。
2. 掌握现场踏勘的重点内容。
3. 掌握人员访谈的内容与方法。

技能目标：
1. 能够收集和整理地块相关资料，绘制相关图件。
2. 能够独立使用土壤快速检测仪器。
3. 能够选取人员访谈对象，并有针对性地设计人员访谈问题。

素质目标：
1. 坚持求实务实、做到实事求是。
2. 形成良好的理解能力和沟通交流能力，提高听知能力。
3. 增强逻辑思维能力和判断推理能力。

土壤污染状况调查

启智增慧

"四诊法"(望、闻、问、切)是中医诊病的基本方法。春秋战国时期的名医扁鹊对"四诊法"的形成与确立作出了巨大的贡献。

望诊是用肉眼观察病人外部的神、色、形、态,以及各种排泄物(如痰、粪、脓、血、尿等),来推断疾病的方法。

闻诊是通过医生的听觉和嗅觉,收集病人说话的声音和呼吸咳嗽散发出来的气味等材料,作为判断病症的参考。

问诊是医生通过向病人或知情人了解病人的主观症状、疾病发生及演变过程、治疗经历等情况,作为诊断依据的方法。

切诊主要是切脉,也包括对病人体表一定部位的触诊。中医切脉大多是用手指切按病人的桡动脉处(腕部的寸口),根据病人体表动脉搏动显现的部位、频率、强度、节律和脉波形态等因素组成的综合征象,来了解病人所患病证的内在变化。

以上诊断疾病的四种方法彼此之间不是孤立的,而是相互联系的。中医历来强调"四诊合参",即必须对"四诊"收集到的病情进行综合分析,去粗取精,去伪存真,才能作出由表及里的全面、科学判断。

被污染的土壤就像是"生了病",而"土壤污染状况调查"就像医生为患者"把脉诊断",然后才能"对症下药"进行治疗。"四诊法"是中医诊病的基本方法,同样也适用于土壤污染状况调查,"四诊法"在土壤污染状况调查中的具体应用如表2-1所示。土壤污染状况调查是为掌握土壤污染状况而进行的调查活动,主要是通过调查掌握土壤中有毒有害物质的种类、浓度和分布情况,为强化环境管理、制订防治措施提供科学依据。

表2-1 "四诊法"在土壤污染状况调查中的具体应用

"四诊法"	中医诊病	土壤调查
望	观气色	查阅资料,包括地块利用变迁资料、地块环境资料、地块相关记录、有关政府文件以及地块所在区域的自然和社会信息;查看地块有毒有害物质的使用、处理、储存、处置场所,生产设备、储槽与管线,污染和腐蚀的痕迹,排水管或渠,污水池或其他地表水体,废物堆放地,井等

（续表）

"四诊法"	中医诊病	土壤调查
闻	听声息、闻气味	嗅辨土壤中的异味，包括恶臭、化学品味道和刺激性气味等
问	问症状	访谈地块现状或历史的知情人
切	摸脉象	采用实验室分析方法对土壤污染因子进行检测

任务 2.1 资料收集与分析

任务导入

在某地块的土壤污染状况调查过程中，了解该地块土壤污染的程度和分布情况。在调查过程中，资料收集与分析环节发挥了至关重要的作用。

首先，在资料收集阶段，调查团队通过查阅历史文献、档案和生态环境部门的监测数据，获取了该地块过去几十年来的农业生产、工业发展、化学品使用等相关信息。

接下来，调查团队通过资料分析发现，该地块过去作为农用地曾使用六六六等农药；建厂后由于小型工业企业管理粗放，又发生过不规范排污行为。

基于收集的资料与分析的结果，调查团队有针对性地制订了采样方案和分析方法，对该地块的土壤进行了详细的污染状况调查。最终，他们成功揭示了该地块土壤污染的程度和分布情况。

思考：

1. 资料收集的主要内容是什么？
2. 资料收集的对象和途径分别是什么？

一、收集资料的类型

需要收集的资料主要包括地块利用变迁资料、地块环境资料、地块相关记录、有关政府文件以及地块所在区域的自然和社会信息。当调查地块与相邻地块存在相互污染的可能性时，应调查相邻地块的相关记录和资料。

（1）地块利用变迁资料：主要包括用来辨识地块及其相邻地块的开发及活动状况的地形图、航片或卫星图片，地块的土地使用和规划资料以及其他有助于评价地块污染情况的历史资料，如土地登记信息资料等。资料应能反映地块利用变迁过程中的地块内建筑、设施、地下管网布设情况、工艺流程和产污环节、污染治理设施及污染物排放、平面布局等的变化情况。

（2）地块环境资料：主要是地块土壤及地下水污染记录、地块有毒有害物料及废弃物堆存记录以及地块与自然保护区和水源地保护区等周边敏感点的位置关系、地块内水域的分布情况（如有）、地块与周边污染源的位置关系等。

（3）地块相关记录：包括地块中生产设施及活动涉及的产品、副产品、原辅材料、中间体及燃料清单；平面布置图、工艺流程图、地下管线图、化学品储存及使用清单、泄漏记录、废物管理记录、地上及地下储罐清单、环境监测数据；各种槽罐、管线、沟渠情况及泄漏记录；环境影响评价文件、清洁生产审核报告、竣工验收文件、排污许可证和环保投诉记录等环境管理文件；环境事故报告、地勘报告、与地块相关的新闻报道等。

（4）有关政府文件：指由政府机关和权威机构所保存和发布的环境资料，如区域环境保护规划、环境功能区划、环境质量公告、企业在政府部门的相关环境备案和批复以及生态和水源保护区规划等。

（5）地块所在区域的自然和社会信息：自然信息包括地理位置图、地形、地貌、土壤、水文、地质和气象资料、土壤元素地球化学背景情况等，以及项目所在区域的地带性土壤类型；社会信息包括人口密度和分布，可能受目标地块影响的敏感目标分布，土地利用方式，区域所在地的经济现状和发展规划，相关的国家和地方政策、法规与标准，以及当地地方性疾病统计信息等。

二、重点收集的资料

（一）历史变迁资料

地块历史变迁一般采用历史卫星影像图或地形图等材料进行佐证说明，佐证材料要注明来源。地块历史一般要追溯至农用地时期。

【示例2-1】

某地块历史地形图如图2-1所示，该地块在2001年时为农田、水塘，地块西北侧为资源回收站，资源回收站部分作业区域在该地块红线范围内。2004年，该地块变化不大，资源回收站在该地块红线范围内的作业区域面积变大。2007年，该地块西侧新建了一个资源回收站和煤厂。2017年，旧资源回收站改作汽修厂，煤厂关闭并在附近建起水上乐园设施仓库，新资源回收站面积比2007年有所扩大。

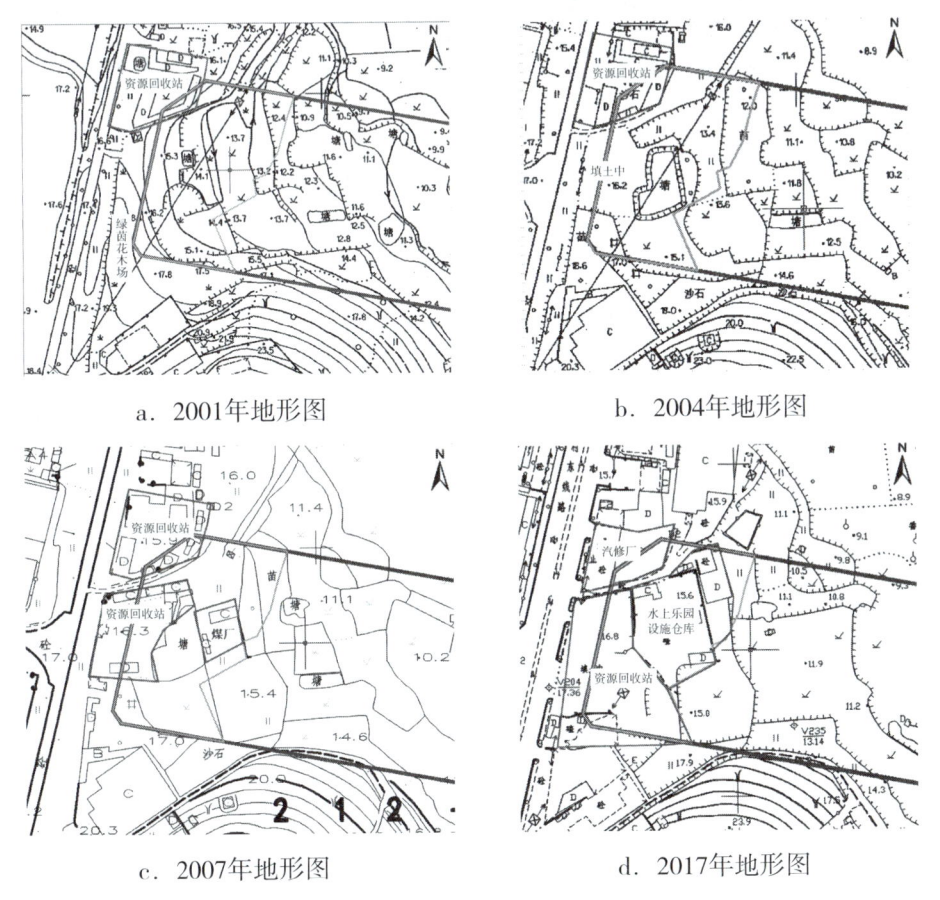

a. 2001年地形图　　　　　　　　b. 2004年地形图

c. 2007年地形图　　　　　　　　d. 2017年地形图

图2-1　某地块关键历史时期地形图

【示例2-2】

某地块历史卫星影像图如图2-2所示。由图可见，1999年，该地块处于农田未开发阶段，地块中部有一条小河涌；2005年，该地块南部已被开发利用，并开始动工兴建，周边区域未发生改变。

 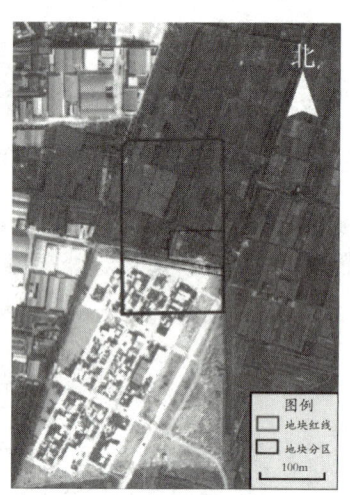

a. 1999年历史卫星影像图　　　　　　b. 2005年历史卫星影像图

图2-2　某地块部分历史卫星影像图

（二）土地使用历史、使用现状和规划资料

土地利用规划需提供政府主管部门出具的规划图进行佐证。《土壤环境质量建设用地土壤污染风险管控标准（试行）》（GB 36600—2018）中，城市建设用地根据保护对象暴露情况的不同，可划分为第一类用地和第二类用地。

第一类用地：包括《城市用地分类与规划建设用地标准》（GB 50137—2011）规定的城市建设用地中的居住用地（R），公共管理与公共服务用地中的中小学用地（A33）、医疗卫生用地（A5）和社会福利设施用地（A6），以及公园绿地（G1）中的社区公园或儿童公园用地等。

第二类用地：包括《城市用地分类与规划建设用地标准》规定的城市建设用地中的工业用地（M），物流仓储用地（W），商业服务业设施用地（B），道路与交通设施用地（S），公用设施用地（U），公共管理与公共服务用地（A，A33、A5、A6除外），以及绿地与广场用地（G，G1中的社区公园或儿童公园用地除外）等。

土地利用规划的类别直接影响筛选值和管制值的选取。第一类用地的筛选值和管制值均比第二类用地要严格。

【示例2-3】

示例2-1中的地块历史沿革用表格形式展现如表2-2所示。

表2-2 某地块历史沿革一览表

区域	年份	用地情况	占地面积/m²	生产情况	污染识别
区域①	2001年前	荒地、水塘	7 800	/	/
汽车维修区域	2001年前	荒地	1 000	/	/
	2001—2014	资源回收		主要收购废纸箱、塑料水瓶、废旧金属等,无拆解等生产活动	石油烃
	2015—2017	汽车维修	1 000	主要涉及汽车维修和喷漆(喷漆区域位于地块红线外,调查地块内作为门面区域用于修车和洗车)	石油烃
	2018—2020	征收闲置		/	/
蜂窝煤厂区域	2005年前	荒地	3 300	/	/
	2005—2016	蜂窝煤厂		加工蜂窝煤球	砷、汞、氟化物、石油烃、多环芳烃(8项)
	2016—2017	水上乐园设施仓库	3 300	主要是水上乐园设施仓库,并伴有简单打磨补漆	苯乙烯、苯、甲苯、二甲苯、酞酸酯、石油烃
	2018—2021	征收闲置		/	/
废品回收区域	2005年前	荒地、水塘		/	/
	2005—2016	废品回收	3 500	主要收购废纸箱、塑料水瓶、废金属等,无拆解等生产活动	石油烃
	2017—2020	征收闲置		/	/
区域①	2021	荒地	7 800	建筑物已基本拆除,部分区域有填土(填土来源地已完成土壤污染状况调查,调查地块符合一类建设用地要求)	

【示例2-4】

某地块历史沿革用横道图形式展现如图2-3所示。

对应区域	对应区域编号	1999年及之前	2000	2001	2002	2003	2004	2005	2006	2007	2008	2009	2010	2011	2012	2013	2014	2015	2016	2017	2018	2019	2020	2021	2022
A区	A-01	鱼塘			回填后空置待开发			佛山市顺德区北滘镇力禾塑料五金厂							佛山市顺德区盈丰达纺织助剂实业有限公司		佛山市顺德区快高远包装有限公司								
	A-02	鱼塘			回填后空置待开发										佛山市顺德区恒立信机械有限公司		佛山市顺德区强景纸品有限公司							
	A-03	鱼塘			回填后空置待开发												佛山市顺德区荣麦厨具电器有限公司								
																	佛山市顺德区科尔宝厨具设备有限公司								
																	佛山市顺德区高研精密机械有限公司								
																	佛山市顺德区奇尔豪金属制品厂								
	A-04	鱼塘			回填后空置待开发			佛山市顺德区北滘镇华美泰纸类加工厂									佛山市顺德区鸿健金属制品								
	A-05	鱼塘			回填后空置待开发												佛山市顺德区加尔电器制造有限公司								
																	佛山市顺德区北滘德盛纸品厂								
B区	A-06	鱼塘	回填														佛山市顺德区磐丰塑特种线材有限公司								
																	佛山市顺德区博浩塑料制品厂								
	B-01	鱼塘	回填											佛山市顺德区北滘镇艺信木业有限公司（部分车间）			佛山市顺德区志合德纸类包装厂								
	B-02	鱼塘	回填														佛山市顺德区北滘镇兆星五金电器								
	B-03	鱼塘	回填														佛山市顺德区北滘镇百顺五金								
	B-04	鱼塘	回填																	佛山市顺德区钟宏五金制品厂					
	B-05	鱼塘	回填																	佛山市顺德区北滘镇丽钻五金塑料有限公司					
C区	C-01	鱼塘	回填											佛山市顺德区美日设计包装有限公司					佛山市顺德区小萃羊玻璃实业有限公司			佛山市宇博电子有限公司			
	C-02	鱼塘	回填														佛山市豪硕家居用品有限公司		闲置						
	C-03	鱼塘	回填														佛山市顺德区弘盈五金制品实业有限公司			佛山市顺德区凯斯菱五金制品厂		佛山市顺德区海万塑料制品实业有限公司	佛山市顺德区家佳益厨房电器有限公司		
	C-04	鱼塘	回填																	佛山市顺德区万通北滘分公司		广东顺德区众捷仓储物流有限公司			
D区	D-01	鱼塘			耕地				广东银河摩托车集团有限公司（部分车间）											佛山市顺德区道翔包装有限公司		广东顺德华派彩印包装有限公司			拆除后的空地
																				佛山市安德沃厨电有限公司		广东银河摩托车集团有限公司			

图2-3 某地块历史沿革横道图

（三）企业产品、原辅材料及中间体清单

通过企业产品、原辅材料及中间体清单，了解污染物情况，判断潜在土壤污染因子。

【示例2-5】

某包装有限公司占地面积约1 500 m²，主要从事纸类包装、包装装潢印刷品的生产，主要产品为纸箱和纸盒，年产量为纸箱16万个及纸盒80万个。根据项目环境影响评价资料，获得相关产品、原辅材料、设备和能源信息如表2-3所示。

表2-3　某包装有限公司产品、原辅材料、设备和能源信息一览表

类别	名称	单位	数量
产品产量	纸箱	万个/年	16
	纸盒	万个/年	80
主要原辅材料用量	瓦楞纸板	万平方米/年	96
	水性油墨	千克/年	50
	淀粉黏合剂	吨/年	12
	涂布纸	吨/年	36
主要生产设备	印刷机	台	1
	开槽机	台	1
	分纸机	台	1
	啤机	台	2
	钉机	台	2
	过浆机	台	1
能源使用量	生活用水	吨/年	120
	生产用水	吨/年	0.5
	电	千瓦时/年	30 000

（四）主要生产工艺流程及产排污环节

采用同样的原辅材料，所用的生产工艺不同，会产生不同的中间体和污染物。通过主要生产工艺流程及产排污环节，了解污染物情况，判断潜在土壤污染因子。

【示例2-6】

某塑料五金厂2005—2009年主要从事塑料五金的生产销售。企业占地面积约5 500 m²，因历史原因导致资料缺失，根据人员访谈内容结合同类企业情况，其生产工艺流程及产排污情况如下。

1．生产工艺流程（如图2-4所示）

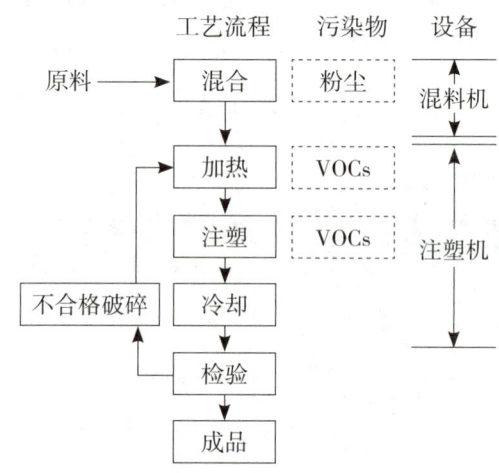

图2-4　生产工艺流程

工艺说明：塑料粒和色母混合后，转移到注塑机内加热熔化，然后注入预先安装好的模具当中，冷却后取下，人工剪下零件即为成品。

2．产排污情况

废水：包括生活污水经三级处理后排入附近河涌。

废气：包括投料过程中产生的少量粉尘以及注塑过程中产生的有机废气。粉尘在车间内无组织排放，注塑废气经收集后高空排放。

固废：包括员工生活垃圾、不合格产品。生活垃圾交环卫部门处理，不合格产品经破碎后回收利用。

危废：含油威士布、设备维修产生的废机油，均交给有处置资质的单位处理。

3．污染识别

该塑料五金厂地块的潜在污染包括以下几种：注塑过程中产生的有机废气，主要污染因子为苯系物和邻苯二甲酸酯类；色母中的镉红和镉黄，主要污染因子为镉；设备使用和维护过程中使用的润滑油和机油出现跑冒滴漏的情况，主要污染因子为石油烃（C_{10}-C_{40}）。

（五）化学品储存及使用清单、泄漏记录、废物管理记录

化学品和危险废物是土壤污染的重要来源，其储存量、储存方式、存储间防渗漏情况均会对土壤造成不同程度的潜在影响。

【示例2-7】

某玻璃生产有限公司主要从事喷石玻璃、喷油玻璃、喷油面板、喷石硅酸钙板的加工生产，厂房建筑为一层，设有生产车间、仓库、办公室等，生产过程中使用的化学品储存及使用清单如表2-4所示。

表2-4 某玻璃生产有限公司化学品储存及使用清单

序号	原辅材料/能源	主要成分	理化性质	污染识别情况
1	水性自干型玻璃漆	水性丙烯酸改性环氧酯树脂30%~41%、催干剂1%~2%、助溶剂2%~8%、颜料20%~35%、去离子水20%~35%	有刺激性气味的不燃液体，由成膜物质、颜料、溶剂、助剂组成，以水作为稀释剂，有高光泽高硬度、附着力极佳、抗水性和耐醇等特性；pH>7.5，沸点>120℃	储存方式为桶装，厂房内有硬底化等防渗措施，跑冒滴漏下渗可能性低；且企业位于某地块南侧主导风向下风向位置，对该地块产生潜在影响的可能性较小，后续采样监测无须考虑
2	水性双组分环氧底漆	2-丁氧基乙醇1%~5%、聚丙二醇1%~5%、非危害组分85%~90%	液体，以改性环氧树脂为主要成膜物，具有良好防腐性能、硬度韧性和密实性；pH7.0~8.0，沸点100℃，闪点68℃	储存方式为桶装，厂房内有硬底化等防渗措施，跑冒滴漏下渗可能性低；且企业位于某地块南侧主导风向下风向位置，对该地块产生潜在影响的可能性较小，后续采样监测无须考虑
3	水性双组分环实色面漆	轻质芳烃石脑油1%~5%、1-丁氧基-2-丙醇1%~5%、非危害组分90%~95%	液体，具有良好防腐性能、硬度韧性和密实性；pH7.0~8.0，沸点100℃，闪点68℃	储存方式为桶装，厂房内有硬底化等防渗措施，跑冒滴漏下渗可能性低；且企业位于某地块南侧主导风向下风向位置，对该地块产生潜在影响的可能性较小，后续采样监测无须考虑

（续表）

序号	原辅材料/能源	主要成分	理化性质	污染识别情况
4	油性漆	二甲苯10%~20%、丙二醇甲醚醋酸酯5%~20%、溶剂石脑油5%~10%、乙酸正丁酯20%~30%、混合酸的二甲酯2%~5%、非危害组分15%~58%	轻微刺鼻气味的易燃液体，以干性油为主要成膜物质的一类涂料，具有防腐、防水、防油、耐化学品、耐光、耐温等特性；沸点116℃，闪点27℃	储存方式为桶装，厂房内有硬底化等防渗措施，跑冒滴漏下渗可能性低；且企业位于某地块南侧主导风向下风向位置，对该地块产生潜在影响的可能性较小，后续采样监测无须考虑
5	固化剂	乙酸正丁酯30%~60%、二甲苯20%~40%、六亚甲基二异氰酸酯<0.3%	轻微刺鼻气味的易燃液体，不溶于水；沸点116℃，闪点27℃	储存方式为桶装，厂房内有硬底化等防渗措施，跑冒滴漏下渗可能性低；且企业位于某地块南侧主导风向下风向位置，对该地块产生潜在影响的可能性较小，后续采样监测无须考虑
6	稀释剂	二甲苯20.5%~30.5%、乙酸正丁酯24.5%~40.5%、丙二醇甲醚醋酸酯4.5%~10.5%、防白水2.5%~10.5%、S-100#2.5%~6.5%、环己酮1.5%~5.5%	轻微刺鼻气味的易燃液体，不溶于水；沸点110℃，闪点31℃	储存方式为桶装，厂房内有硬底化等防渗措施，跑冒滴漏下渗可能性低；且企业位于某地块南侧主导风向下风向位置，对该地块产生潜在影响的可能性较小，后续采样监测无须考虑

（六）历史上发生过倾倒、泄漏等污染事件信息

地块内及周边区域历史上发生过倾倒、泄露等污染事件，可能造成土壤污染。因此，需要收集相关信息，包括事件规模、发生及处置情况、涉及范围、污染物种类、处理方式等。

（七）平面布置图、地上及地下罐槽、管线图

通过企业平面布置图，了解厂区布置情况，判断潜在土壤污染重点区域。由于槽罐、管道连接处容易发生跑冒滴漏现象，因此，槽罐区、管道沿线均为潜在土壤污染区。

【示例2-8】

某丝厂平面雨污管线如图2-5所示。

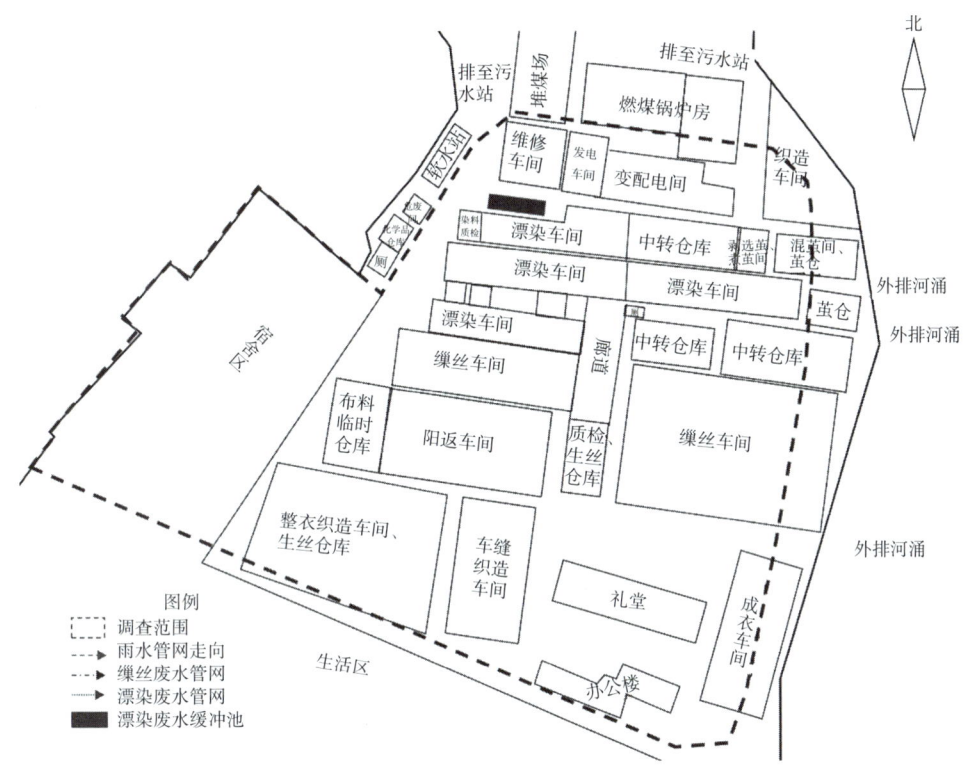

图2-5　某丝厂平面雨污管线

（八）污染治理设施及污染物排放情况

污染治理设施规模、工艺的先进性、运营情况均会影响治理目标可达性。污染治理设施所在位置通常是土壤污染潜在区域。

【示例2-9】

某玻璃生产有限公司在生产过程中产生了废气、废水和固体废弃物，具体情况如下。

废气：主要为打磨工序产生的粉尘、喷漆及晾干工序产生的废气。其中打磨粉尘经水帘机处理后无组织排放；喷漆及晾干工序废气通过负压整室收集经水帘机去除漆雾后引至UV光解+活性炭吸附装置处理后高空排放。

废水：主要为打磨水帘机废水、喷漆水帘机废水、生活污水。打磨水帘机废水及喷漆水帘机废水循环使用不外排，定期打捞沉渣及补充新水；生活污水经独立污水处理设施处理达标后排入附近内河涌。

固体废弃物：主要为生活垃圾、打磨水帘机收集的沉渣、废包装材料及危险废物（废机油、废含油抹布、化工原料包装桶、喷漆水帘机漆渣、废活性炭、废UV光管），其中生活垃圾交给环卫部门处理，打磨水帘机收集的沉渣和废包装材料交给回收商处理，危险废物交给有资质的单位处理。

某玻璃生产有限公司污染治理设施如表2-5所示。

表2-5 某玻璃生产有限公司污染治理设施一览表

污染治理设施	数量	设施工作方式
独立的生活污水处理设施	一套	对生活污水进行处理
水帘机废水收集	/	打磨水帘机废水经沉淀后循环使用，不外排；喷漆水帘机废水经处理后循环回用，定期补充新水，不外排
水帘机除尘系统	一套	打磨粉尘经水帘机除尘系统处理后车间内无组织排放
UV光解+活性炭吸附装置	一套	喷漆废气通过喷漆房整室负压收集经水帘机去除漆雾后，与晾干废气一起引至UV光解+活性炭吸附装置处理后由15 m高排气筒G1排放；烘干废气经集气罩收集后与喷漆有机废气一并通过同一套UV光解+活性炭吸附装置处理后由15 m高排气筒G1排放
危险废物暂存间	一个	约10 m^2，设置于生产车间南面，用于危险废物暂存

（九）环境监测数据、环境影响评价报告书或表

通过环境监测数据，了解污染物的种类和排放情况，判断潜在土壤污染因子。通过地块内及周边企业的环境影响评价报告书或表，了解企业产品、副产品、原辅材料、中间体及燃料清单、化学品储存及使用清单、工艺流程和产污环节等。

（十）地块周边环境敏感目标及位置关系

地块周边环境敏感目标指地块周围可能受污染物影响的居民区、学校、医院、饮用水源保护区以及重要公共场所等。

【示例2-10】

某地块调查范围内无历史文物等需要特殊保护的目标，也无水源保护区。地块500 m范围内的敏感目标主要有居民区、轻轨站、高速公路服务区等，各敏感目标信息如表2-6所示，位置如图2-6所示。

表2-6 某地块敏感目标信息一览表

序号	方位	敏感目标	性质	规模	最近距离/m
1	西北	西海村、桃村	居民区	约5 000人	250
2	北	广珠轻轨（北滘站）	交通枢纽	流量约3 000人次/小时	120
3	东北	广珠西线高速顺德服务区	服务区	150名工作人员	300

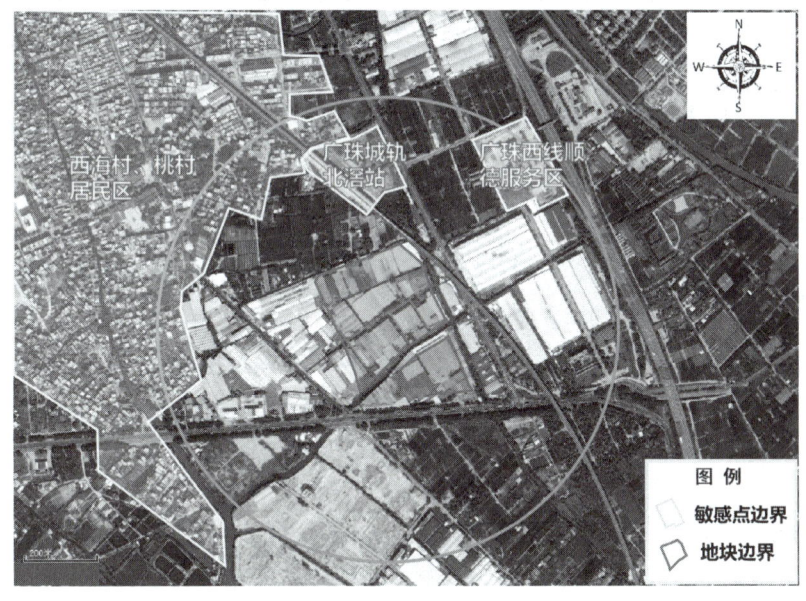

图2-6 某地块周边500 m范围内敏感点位置示意图

【示例2-11】

某工业企业资料收集清单如表2-7所示。

表2-7 某工业企业土壤污染状况调查提资单

序号	资料名称	获取信息
1	营业执照	企业名称、法定代表人、地址、营业时间、登记注册类型
2	土地使用证或不动产权证书	地址、位置、占地面积及使用权属

土壤污染状况调查

（续表）

序号	资料名称	获取信息
3	土地登记信息、土地使用权变更登记记录	地址、位置、占地面积及使用权属、地块利用历史
4	各时期厂区平面布置图	生产车间、储存区、废水处置区、固体废弃物堆放或处置区等各区域分布
5	地下管道管线布置图	地下管道或管线分布
6	企业生产报表	生产工艺、主要产品、原辅材料相关信息、特征污染物
7	工艺流程图	生产工艺
8	物料流程图	生产工艺、原辅材料、中间产物、最终产品及"三废"相关信息
9	化学品储存及使用清单	储存物质、储存量相关信息、特征污染物
10	地上和地下储存清单	储存设施、储存物质、储存年代等相关信息
11	危险废物转移联单	危险废物名称
12	泄漏事故或环境污染事故记录	泄漏事故或环境污染事故发生情况、时间、污染面积、事故等级、处理措施等
13	排放污染物申报登记表	企业基本信息、主要产品、原辅材料、废气废水和固废排放量、排放污染物名称、监测装置、治理设施等信息
14	环境影响评价报告书（表）	企业基本信息、主要产品、原辅材料、生产工艺、废气、废水和固体废弃物排放量、排放污染物名称、周边环境及敏感受体相关信息
15	企业清洁生产审核报告	地块利用历史、企业平面布置、主要产品及产量、原辅材料及使用量、生产工艺、周边敏感受体、特征污染物、企业清洁生产审核时间、结果等相关信息
16	工程地质勘查报告	土壤与地下水特性相关信息
17	土壤、地下水监测记录	土壤和地下水监测数据及污染相关信息
18	调查评估报告或相关记录	调查评估结果、土壤和地下水污染信息
19	突发环境事件应急预案	敏感目标，环境风险点

 拓展提升

资料收集的对象和方法有哪些？

任务 2.2 现场踏勘

任务导入

在某城市的工业区，一块土地被计划用于住宅开发。在进行土壤污染状况调查时，调查团队对该地块进行了详细的现场踏勘，然而他们却忽略了地块周边的情况。

具体来说，该地块的东侧紧邻一家已经废弃的化工厂，这家化工厂在过去的几十年中一直从事有毒化学品的生产。虽然已经停产多年，但其周边土壤和地下水可能仍然受到污染。由于在现场踏勘时未对相邻地块进行调查，调查团队未能及时发现这一重要的潜在污染风险。

思考：

现场踏勘的内容有哪些？

一、现场踏勘前的准备工作

现场踏勘前，现场工作人员应对前期收集的资料进行充分的分析和整理，并根据地块具体情况学习掌握相应的安全防护知识，配备必要的安全保护用品。必要时，应在进入地块前进行专门的培训，并要求由地块相关工作人员带领进行现场踏勘。

如因地块内存在危害因素或障碍物导致影响现场踏勘及调查相关工作开展的，应对相应区域进行必要的清理或处理，使其具备相应条件。

现场踏勘需要准备的器具如下：

（1）工具类：镐头、铁锹、铁铲、圆状取土钻、螺旋取土钻、竹片以及适合特殊采样要求的工具等。

（2）器材类：卫星导航系统、数码照相机、卷尺、无人机等。

（3）文具类：地图、现场踏勘记录表、铅笔、资料夹等。

（4）安全防护用品：工作服、劳保鞋、安全帽、药品箱等。

二、现场踏勘内容

现场踏勘过程中,可通过对异常气味和污染痕迹的辨识、摄影和照相、现场笔记、航拍等方式,初步判断地块污染状况。踏勘期间,鼓励使用现场快速检测设备对污染物进行快速筛查。现场踏勘成果包括踏勘照片、现场踏勘重要信息记录、重点潜在污染区域分布图等(图2-7)。

a. 地上储罐

b. 异色土壤

c. 植被生长异常(航拍图)

d. 植被生长异常(近景图)

图2-7 现场踏勘图

现场踏勘以地块范围内为主,并应包括地块的周边区域,周边区域的范围应根据本地块的敏感程度和污染物可能迁移的距离来确定。现场踏勘内容包括以下几个方面。

(1)地块现状与历史情况:可能造成土壤和地下水污染物质的使用、生产、贮存,"三废"处理与排放以及泄漏状况,地块过去使用过程中留下的可能造成土壤和地下水污染的异常迹象,如罐、槽泄漏以及废弃物临时堆放污染痕迹。

(2)相邻地块的现状与历史情况:相邻地块的使用现状与污染源,以及过去使用过程中留下的可能造成土壤和地下水污染的异常迹象，如罐、槽泄漏以及废弃物临时堆放污染痕迹。

（3）周围区域的现状与历史情况：对于周围区域目前或过去土地利用的类型，如工厂等，应尽可能观察和记录；周围区域的废弃和正在使用的各类井的使用现状；污水处理和排放系统的使用现状；化学品和废弃物的储存和处置设施的使用现状；地面上的沟、河、池；地表水体、雨水排放和径流以及道路和公用设施的使用现状。

（4）区域地质、水文地质和地形情况：应观察、记录地块及其周围区域的地质、水文地质和地形情况，并加以分析，以协助判断周围污染物是否会迁移到调查地块，以及地块内污染物是否会迁移到地下水和地块之外。

三、现场踏勘重点

现场踏勘重点包括以下几个方面：

（1）主要生产车间、储存设施等情况；

（2）有毒有害物质的使用、处理、储存、处置情况；

（3）生产过程和设备，储槽与管线；

（4）发现恶臭、化学品气味和刺激性气味的区域，污染和腐蚀的痕迹；

（5）排水管或渠、污水池、事故池或其他地表水体、废弃物堆放地、各类井等；

（6）植被生长异常或损害区域情况；

（7）地块内建筑物和生产设施的拆迁情况、地面扰动情况、地表堆积情况等；

（8）周边区域污染企业情况。

同时，还应观察和记录地块周边企业情况和地块及周围是否有可能受影响的居民区、学校、医院、水源保护区以及其他公共场所等，并在报告中明确其与地块的位置关系（表2-8）。

表2-8 现场踏勘重点信息核查表

序号	重点信息	是/否	具体情况描述
1	地块内有无化学品储存罐/槽？如有，是否有泄漏保护设施？		
2	地块内是否有废弃物堆放区或临时堆放区？		

(续表)

序号	重点信息	是/否	具体情况描述
3	地块内是否有填埋场?		
4	地块内是否有污水处理厂?		
5	是否有可能含有多氯联苯的设备?如有,其具体位置是哪里?		
6	现场是否储存有燃料油、润滑油、洗涤助剂等有机物?		
7	现场是否有异味?		
8	建筑物和地表是否有污染痕迹?		
9	现场是否有颜色异常的土壤?		
10	现场是否发现植物生长异常情况?		
11	地块内外有无地表水体?		
12	地块内外有无水井(包括已废弃的)?如有,其功能是什么?		
13	地块内及周边区域是否有烟囱等潜在气体排放源?		
14	地块内是否有某些区域暂时无法进行器勘或近距离观测?		
15	地块周边是否有潜在地下水污染源?		
16	地块周边的地形地貌特征是否存在污染物迁移的可能?		

四、现场踏勘辅助设备

(一)探地雷达介绍

探地雷达(Ground Penetrating Radar,简称GPR)(图2-8),又称透地雷达、地质雷达,是用频率介于$10^6 \sim 10^9$ Hz的无线电波来确定地下介质分布的一种无损探测设备,可以探测金属及非金属物体(比如地下水泥管道等)。

图2-8 探地雷达

探地雷达是通过发射天线向地下发射高频电磁波,通过接收天线接收反射回地面的电磁波,电磁波在地下介质中传播时遇到存在电性差异的分界面时发生反射,根据接收到的电磁波的波形、振幅强度和时间的变化等特征推断地下介质的空间位置、结构、形态和埋藏深度。

在坝体渗漏探测中，渗透水流使渗漏部位或浸润线以下介质的相对介电常数增大，与未发生渗漏部位介质的相对介电常数有较大的差异，在雷达剖面图上产生反射频率较低、反射振幅较大的特征影像，以此可推断发生渗漏的空间位置、范围和埋藏深度。

探地雷达可用于检测各种材料，如岩石、泥土、砾石、混凝土、砖、沥青等的组成；可确定金属或非金属管道、下水道、缆线、缆线管道、孔洞、基础层、混凝土中的钢筋及其他地下埋件的位置；可检测不同岩层的深度和厚度，并常用于在地面作业开工前对地面作一个广泛的调查。

（二）现场快速检测设备介绍

现场快速检测是采用现场快速检测设备对地块潜在污染物进行定性或定量分析。

调查单位在开展现场踏勘时，可使用便携式快速检测设备在疑似污染区域进行表层土壤快速筛查，为污染识别工作提供有效的数据支撑。采样位置应位于疑似污染痕迹处或采样网格的中央，采样深度为0~50 cm。同一快筛样品一般连续快速检测3次，取其最高值为快筛结果。

1. 仪器与设备

（1）挥发性有机物快速检测设备

便携式光离子化气体检测仪（Photo Ionization Detector，PID）（图2-9a）是使用具有特定电离能（如10.6 eV）的真空紫外灯（UVV）产生紫外光进行检测的。PID检测技术采用的V-UV波段为100~200 nm，这个波段是真空紫外灯光源，对大多数有机化合物具有电离能力。

PID的核心部件是传感器，传感器主要由紫外灯光源和离子室两部分构成。在离子室有正负电极，

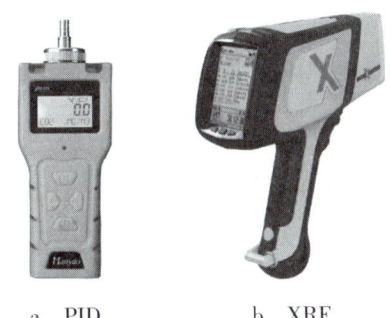

a. PID　　b. XRF

图2-9　现场快速检测仪器

形成电场，有机挥发物分子在高能紫外线光源激发下，产生负电子和正离子，这些电离的微粒在电极间形成电流，经检测器放大和处理后输出电流信号，从而换算出气体浓度。PID工作原理如图2-10所示。

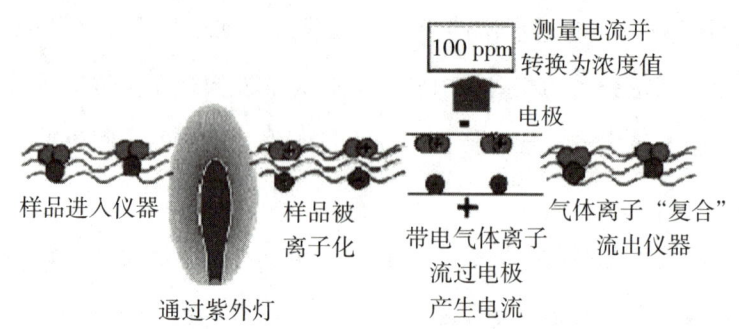

图2-10 PID工作原理

气体离子在检测器的电极上被检测后，很快与电子结合重新组成原来的气体和蒸汽分子，因此PID是一种非破坏性检测器，它不会"燃烧"或永久性改变待测气体分子。

（2）重金属快速检测设备

手持便携式X射线荧光光谱分析仪（X Ray Fluorescence，XRF）（图2-9b）可用于野外土壤重金属快速检测，具有分析时间短、体积小、重量轻、方便操作等特点。便携式XRF被广泛应用于各行业，检测样品包括矿渣、岩石、沉积物、土壤、底泥等，可检测国家标准中规定的多种重金属元素，样品形态可以为固体、液体、粉末等。

便携式XRF可快速测定Cr、Cu、Zn、Pb和As等多种金属，在充分考虑并控制土壤含水量、土壤粒径等条件下，可实现土壤重金属检测的定量分析。

利用便携式XRF可快速普查大范围的重金属污染区，辅以软件分析生成污染区域元素分布的等值线图，可快速判别重金属含量是否异常，是土壤重金属快速检测和污染评价的有效工具。

2．快速筛查样品采集

采样工具不应对样品采集产生交叉污染或干扰，可选用不锈钢铲或木质铲等。盛装容器不应引入待测目标物，宜使用尺寸不小于6号（12 cm×17 cm）、厚度不小于8丝的聚乙烯自封袋等。

（1）快速筛查样品采集位置的选择

第一阶段调查，可选择地块内有疑似污染痕迹的区域，去除表层杂物、石头等，对表层土壤进行快速筛查。

（2）挥发性有机物快速筛查样品采集

用采样铲采集土壤后，去除土壤样品中的石块及杂物，将土壤置于聚乙烯自封袋中，自封袋中土壤样品体积应占自封袋体积的1/2；取样后自封袋应置于背光处，避免阳光直晒，取样后在30 min内完成快速检测。

对于主要污染物为挥发性有机物的地块，为防止土壤中挥发性有机物（VOCs）的挥发，岩芯钻探后应先进行VOCs样品采集，再采集快筛样品进行快速检测，并根据快筛结果确定送检样品。

（3）重金属快速筛查样品采集

用采样铲采集土壤后，去除土壤样品中的石块及杂物，将土壤置于聚乙烯自封袋中，封闭袋口，待检。

3. 样品现场快速检测

若调查地块生产过程中可能产生VOCs污染，则现场采样建议使用PID进行辅助判断；若调查地块生产过程中可能产生重金属污染，则现场采样建议使用XRF进行辅助判断。

（1）挥发性有机物样品快速检测

①仪器校准

自检：按照仪器说明书打开仪器预热，进行仪器自检，使仪器进入测量状态。

零点：将零气通入仪器或将仪器进气口置于清洁空气中，校准仪器零点。

②操作步骤

将土壤样品装入自封袋中至约占1/2体积，封闭袋口；适度揉碎样品，对已冻结的样品，应置于室温下解冻后揉碎；样品置于自封袋中约10 min后，摇晃或振动自封袋约30 s，之后静置约2 min；将便携式有机物快速检测设备探头伸至自封袋约1/2顶空处，紧闭自封袋，待数值出现最高值后开始回落时，记录仪器的最高读数。

（2）重金属样品快速检测

①仪器校准

自检：按照仪器说明书打开仪器预热，进行仪器自检，使仪器进入测量状态。

自校：使用仪器配套的校准核查标准片对仪器进行自校，如果仪器自校不通过，表明仪器有故障，在使用前应排除。

②操作步骤

去除土壤样品中的石块及杂物，装入自封袋中，封闭袋口；压实土壤并平整表面，保证样品检测接触面积不小于检测窗口面积，厚度不小于2 cm；土壤样品水平放置，前探测窗垂直对准土壤样品，检测时间一般不低于90 s，当仪器说明书有规定时，按说明书执行；便携式快速检测设备检测结束后，记录仪器各重金属元素的读数。

4．样品快速筛查记录与报告

（1）应保证检测数据的完整性，确保全面、真实、客观地反映测试结果，不应选择性地舍弃数据或人为干预测试结果。

（2）样品快速筛查过程中，应及时记录土壤样品现场快速检测结果，并保证其完整性和准确性。

（3）记录内容应包括采样点或采样孔编号、采样深度位置、采样日期和时间、检测人员、校核人员等信息。土壤样品快速筛查过程应保留照片或视频等影像记录。

5．质量保证与质量控制

（1）用于挥发性有机物与重金属快速筛查的便携式快速检测设备应进行检定或校准，并在其有效期内使用。定期使用标准物质对便携式快速检测设备进行期间核查，检查其性能及状态。根据地块污染情况和仪器灵敏度水平，设置PID现场快速检测设备器的最低检测限和报警限。

（2）使用便携式有机物快速检测设备对土壤样品进行筛查时，每天应采集一个大气背景值和自封袋本底空白值。

（3）当便携式有机物快速检测设备检测样品浓度较高时，应将快速检测设备置于清洁空气中进行清洗，待仪器读数回到零点后，再进行下一个样品的检测。

（4）便携式光离子化气体检测仪应确保仪器的紫外灯电能高于目标化合物的电离点位。

 拓展提升

现场踏勘的辅助仪器还有哪些呢？请通过查阅相关资料回答。

任务 2.3 人员访谈

任务导入

在一次针对某化工厂的土壤污染调查中，调查团队主要侧重于土壤样品的采集和实验室分析，而忽视了人员访谈环节。调查团队认为，只要有了土壤样品的分析数据，就足以判断污染状况，而人员访谈只是辅助性的工作，不必投入太多精力。

然而，调查报告发布后却遭到了多方面的质疑。有前员工指出，化工厂在过去曾发生过几次化学品泄漏事故，这些事故可能对土壤造成了严重污染，但调查报告中并没有提到这些事故，也没有对相关区域的土壤进行重点采样分析。同时，周边居民也反映，他们长期以来都感到周边空气和土壤有异味，怀疑与化工厂的排放有关，但调查报告中同样没有体现这些居民的疑虑和意见。

由于调查团队没有充分重视人员访谈环节，导致他们没有获取到这些关键信息，这使得调查报告的可信度不高。最终，调查团队不得不重新进行人员访谈和采样分析工作，以弥补之前的疏漏。

思考：
1. 人员访谈的对象怎么选取？
2. 人员访谈的内容主要是什么？

一、访谈对象、方式与内容

（一）访谈对象

受访人为地块现状或历史的知情人，如地块管理机构和地方政府官员、生态环境部门人员、地块过去和现在各阶段的使用者，以及地块所在地或熟悉地块的第三方（如相邻地块的工作人员和附近居民）。

土壤污染状况调查

【示例2-12】

某地块人员访谈对象信息如表2-9所示。

表2-9 某地块访谈人员信息一览表

受访人	所在单位	职位	工作时间	访谈方式
陈××	××经济联合社	工作人员	1996年至今	现场访谈
陈××	××生态环境监督管理所	办事员	2014年至今	现场访谈
唐××	××开发有限公司	经理	2007年至今	现场访谈
植××	机械广场	员工	2016—2018年	现场访谈
罗××	机械广场	租户	2000—2018年	现场访谈
范××	××交通集团有限公司	经理	2007年至今	现场访谈
梁××	××村民小组	安全管理员	/	现场访谈
赵××	××鞋材有限公司	负责人	2018年至今	电话访谈

（二）访谈方式

访谈方式包括当面交流、电话交流和表格调查等。

表格调查是访谈的必要方式。访谈表格应包括受访人的姓名、联系方式、职位及在该地块的居住或工作时间等信息，并附受访人签名，如表2-10所示。

表2-10 某地块土壤污染状况调查访谈表

受访人姓名			联系方式		
与地块关联信息	□地块使用者 □管理部门工作人员 □相邻地块工作人员或附近居民 □其他				
	所在单位及职位		工作时间		
访谈内容记录					
受访人签名		访谈人签名		访谈时间	

(三）访谈内容

访谈内容应包括资料收集和现场踏勘所提出的疑问，以及信息补充和已有资料的考证。应对访谈内容进行整理分析，对照已有资料，发现的可疑处和不完善处，应跟访谈对象进一步核实并补充完善。

【示例2-13】

针对某地块的使用者，准备了相关问题，并设计了人员访谈表，如表2-11所示。

表2-11 某地块土壤污染状况调查人员访谈表

受访人姓名		联系方式	
与地块关联信息	□地块使用者　□管理部门工作人员　□相邻地块工作人员或附近居民　□其他		
	所在单位及职位	工作时间	
访谈内容记录	（1）建厂前土地利用情况和历史沿革； （2）原有企业工艺简介及变化情况； （3）是否有发生污染事故； （4）原辅材料、有毒有害危险化学品和危险废物运输、储存、装卸情况； （5）原辅材料、有毒有害危险化学品和危险废物堆放仓库防风、防雨、防渗情况； （6）地下储罐、储槽和管线情况； （7）原有企业变压器的使用时间和位置等情况； （8）有无放射源； （9）原有企业污染治理设施及升级改造情况和污染物排放情况； （10）其他内容		
受访人签名		访谈人签名		访谈时间	

二、访谈技巧

（一）准备

保持热情亲和的态度，使用礼貌用语，并营造一个轻松舒适的沟通氛围。

（二）提问

注意保持语速中等、语气平和，让受访人听得清楚明白，并有充分的时间考虑；按照逻辑顺序提问；引导访问进程，防止受访人远离主题；保持清醒的思路，随时留意受访人逻辑上是否存在前后矛盾。

（三）追问

当受访人的答案笼统、不明确或有不止一种意义时，需要作出追问；追问时可重复问题，并强调其中的重要字眼，这常用于受访人答非所问或给出不完整答案时。

（四）记录

完成问卷后应及时检查一次，有错漏或矛盾的地方及时纠正。

人员访谈表需要受访人签名和留下联系方式，为什么？请说说你的看法。

任务 2.4 结论与分析

在第一阶段，调查人员主要进行资料收集、现场踏勘和人员访谈等工作，目的是识别可能存在的污染源和污染途径。

在某地块的土壤污染状况第一阶段调查过程中，调查团队发现该地块内当前和历史上均无可能的污染源，却忽略了地块周边情况，并给出了调查活动结束的错误结论。

项目 2　第一阶段调查：污染识别

> 💭 思考：
> 1. 什么情况下地块需要进入第二阶段调查？
> 2. 第一阶段调查的结论与分析中，需要为第二阶段调查提供哪些信息？

一、第一阶段调查结论

本阶段调查结论应明确地块内及周围区域有无可能的污染源，并进行不确定性分析。不确定性分析应列出调查过程中遇到的限制条件和欠缺的信息及对调查工作和结果的影响。

若第一阶段调查确认地块内及周围区域当前和历史上均无可能的污染源，则认为地块的环境状况可以接受，调查活动可以结束，无须开展第二阶段调查工作，并在此基础上编制土壤污染状况调查报告，如图2-11所示。

若存在可能的污染源或因资料缺失无法判断地块污染风险时，应进入第二阶段调查。

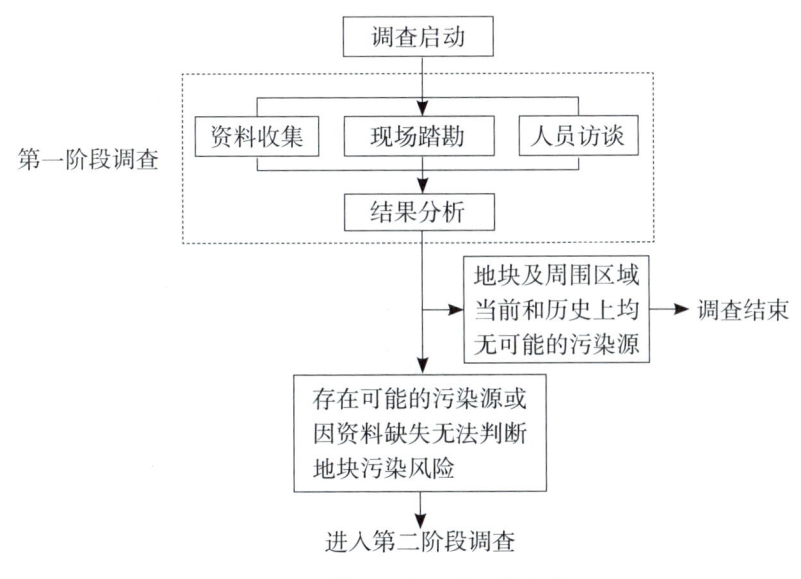

图2-11　第一阶段调查工作程序

二、其他内容和信息

在对资料收集、现场踏勘、人员访谈进行分析的基础上，列出需要重点关注的污染物类型和污染物，以及重点调查区域，建立初步的地块概念模型（Conceptual Site Model，简称CSM）。

地块概念模型是指用文字、图、表等方式来综合描述污染源、污染迁移途径、人体或生态受体接触污染介质的过程和接触方式等，如图2-12所示。

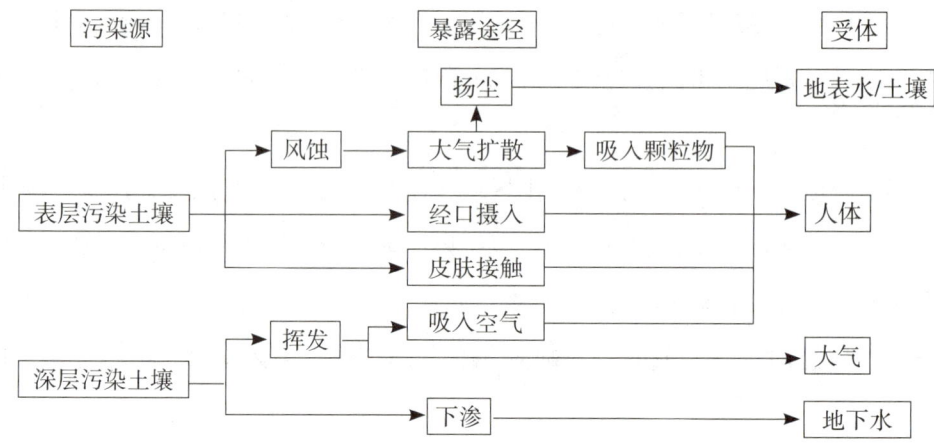

图2-12　a. 地块概念模型示例（方框图形式）

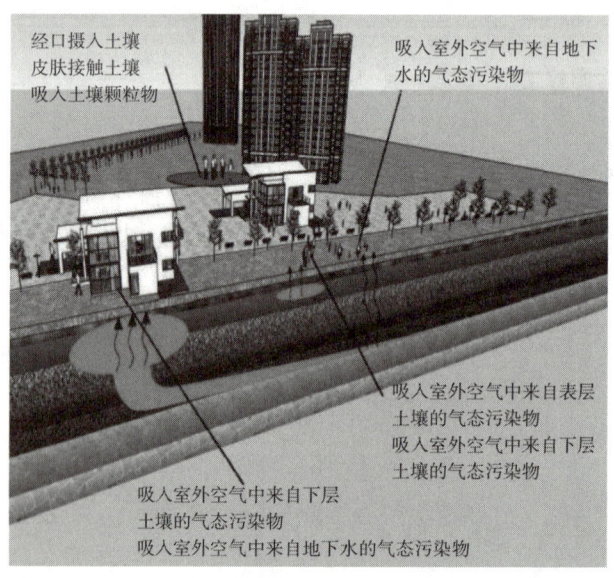

图2-12　b. 地块概念模型示例（3D效果图形式）

拓展提升

1. 有人说"资料收集与分析""人员访谈""现场踏勘"三个任务之间相互独立，应分步骤完成，且可以由不同的调查人员分别完成；有人认为这三个任务之间相互关联、相互补充、相互印证，可以穿插进行，且最好由同一组人员一起完成。请说说你的观点。

2. 有人认为，第一阶段调查污染识别的过程不重要，第二阶段调查的采样检测分析才是关键。你认同吗？说说你的看法。

项目评价

本项目评价如表2-12所示。

表2-12 项目评价表

评分项	评分子项	评分细则	总分	评分	点评
资料收集与分析（30分）	资料收集	针对地块列出提资单，提资单内容完整	15分		
	资料分析	提取资料的关键信息并进行有效分析	15分		
现场踏勘（30分）	踏勘准备	组织准备、技术准备和物资准备充分	5分		
	现场踏勘	全方位开展现场踏勘，无遗漏，并针对潜在污染源进行重点踏勘	15分		
	辅助仪器	规范操作快速检测仪器PID和XRF	10分		
人员访谈（30分）	访谈对象	针对地块选取适当的访谈对象	10分		
	访谈内容	根据地块实际情况，针对不同访谈对象，罗列出访谈问题	10分		
	访谈表	设计人员访谈表，访谈表相关信息完整	10分		

（续表）

评分项	评分子项	评分细则	总分	评分	点评
结论与分析（10分）	调查结论	得出调查结论，并判断是否需要进入第二阶段调查	6分		
	不确定性分析	针对地块调查的实际情况，列出项目开展过程中的不确定因素，并判断其对调查结论的影响	2分		
	初步概念模型	根据污染识别的结果，建立地块初步概念模型	2分		

 实践活动

土壤样品快速检测

一、实训目的

（1）掌握便携式光离子化气体检测仪（PID）和X射线荧光光谱分析仪（XRF）的使用方法。

（2）能够根据现场快速检测结果选取PID和XRF数值相对较大的样品进行实验室检测。

二、仪器与材料

（1）仪器设备：PID、XRF、坩埚、天平、研钵、研磨棒、玻璃棒、聚四氟乙烯采样袋。

（2）材料：土壤、重柴油、铁粉。

三、实训内容及操作步骤

（一）污染土壤的制备

有机污染土壤的制备：取5份100 g土壤，剔除石块、树根等杂质，放入研钵中捣碎，分别加入0 g、1 g、2 g、3 g、4 g重柴油，并用玻璃棒搅拌均匀。

重金属污染土壤的制备：取5份100 g土壤，剔除石块、树根等杂质，放入研钵中捣碎，分别加入1 g、2 g、3 g、4 g、5 g铁粉，并用玻璃棒搅拌均匀。

（二）土壤样品现场快速检测

分别用PID对5份制备好的有机污染土壤进行测定，记录数据；分别用XRF对5份制备好的重金属污染土壤进行测定，记录数据。

四、实训记录与数据分析

（一）实训记录

填写表2-13。

表2-13 实训记录表

样品号	PID读数	样品号	XRF读数
1#		1#	
2#		2#	
3#		3#	
4#		4#	
5#		5#	

（二）数据分析

五、思考

（1）PID和XRF使用前是否需要进行标定？

（2）土壤样品现场快速检测的结果能否作为最终检测数据？

项目3　第二阶段调查：初步采样分析

项目导读

本项目主要介绍第二阶段调查初步采样分析工作计划的内容，详细阐述了土壤水平布点、垂直布点的方法，地下水水平布点、取样的方法，并将上述布点方法编成朗朗上口的布点歌，方便理解和记忆，此外，还介绍了土壤和地下水对照点布设方法，说明了地表水及沉积物需要采样的情况。

学习目标

知识目标：

1. 熟悉初步采样分析工作计划的内容。
2. 掌握土壤水平布点、垂直布点的方法。
3. 掌握地下水水平布点、取样的方法。

技能目标：

1. 能够编制初步采样分析工作计划。
2. 能够制订土壤和地下水布点采样方案。
3. 能够遵守安全操作规程，正确使用个人防护装备。

素质目标：

1. 具备良好的沟通能力，能够准确传达信息，协调不同部门和人员之间的工作。
2. 具有良好的心态和冷静的头脑面对复杂问题或困难情况。
3. 具备野外工作的耐心和毅力。

项目 3 第二阶段调查：初步采样分析

📖 启智增慧

"工欲善其事，必先利其器"出自《论语·卫灵公》，强调了准备工作的重要性。在采样分析之前，通过充分的准备工作，可以确保采样分析工作的顺利进行，提高工作效率，减少错误和偏差。

任务 3.1 初步采样分析工作计划

在某地块土壤污染状况第二阶段调查初步采样分析过程中，由于时间紧迫和调查人员的疏忽，调查团队没有事先制订周全的采样分析工作计划，而是直接前往现场进行采样。

由于缺乏科学的计划安排，采样工作出现了很多问题。首先，采样点的布局不合理，导致一些重要区域被遗漏，无法全面反映土壤污染状况。其次，采样深度不合理，部分样品可能未能准确反映深层土壤的污染情况。此外，由于未对第一阶段调查中的相关信息进行核查，未发现地块内新增了废油漆桶等装修废料，导致一些关键污染物可能未被纳入分析范围。最后，由于未做好充分的安全防护措施，一名调查人员在采样过程中因吸入VOCs导致头晕。

这次调查不仅浪费了大量的人力和物力，还使调查结果受到了严重质疑，后续工作也受到了很大影响。

这个案例充分说明了在土壤污染状况调查中制订采样分析工作计划的重要性。一个科学、合理的采样分析工作计划可以确保采样点的合理布局、采样深度的准确控制以及分析项目的全面实施，从而提高调查结果的准确性和可靠性。同时，采样分析工作计划还可以帮助调查团队合理分配资源，提高工作效率，降低风险和不确定性。

土壤污染状况调查

> 思考：
> 初步采样分析工作计划主要包括哪些内容？

根据第一阶段调查情况制订初步采样分析工作计划，内容包括核查已有信息，判断污染物的可能分布，制订布点采样方案，制订健康和安全防护计划，制订样品分析方案，提出质量保证和质量控制要求等。

一、核查已有信息

对已有信息进行核查，包括第一阶段调查中重要的环境信息，如土壤类型和地下水埋深；查阅污染物在土壤、地下水、地表水或地块周围环境的可能分布和迁移信息；查阅污染物排放和泄漏的信息。应核查上述信息的来源，以确保其真实性和适用性。

二、判断污染物的可能分布

根据地块的具体情况、地块内外的污染源分布、水文地质条件以及污染物的迁移和转化等因素，判断地块污染物在土壤和地下水中的可能分布，为制订布点采样方案提供依据。

三、制订布点采样方案

布点采样方案包括采样点的布设、样品数量、样品的采集方法、现场快速检测方法以及样品收集、保存、运输和储存等。采样方案大纲如图3-1所示。

采样方案大纲（示例）

1. 地块概况
2. 采样计划
   （1）采样点分布和数量
   （2）采样时间安排
3. 组织实施
   确定相关服务单位，并附受委托现场勘探、检测实验室资质证明，现场钻探技术负责人的钻探上岗资格证书等。
4. 人员安排
5. 采样准备
6. 土壤和地下水样品采集
   （1）土孔钻探
   （2）土壤样品采集
   （3）地下水采样井建设
   （4）地下水样品采集
7. 样品保存和流转
8. 样品分析检测
9. 质量保证与质量控制
10. 安全防护计划

图3-1 采样方案大纲（示例）

四、制订健康和安全防护计划

结合工作现场的实际情况，在现场工作开展前制订采样调查人员的健康和安全防护计划，并进行安全培训，严格执行现场人员安全防范规程，按要求使用个人防护装备，具体要求如下：

（1）进场前开展安全培训，培训内容包括现场安全防护、设备的安全使用及应急预案等；

（2）现场作业必须穿长袖长裤工作装和劳保鞋，戴安全帽，配备口罩或防毒面罩；

（3）对污染较重的地块，根据作业性质穿防护服，戴防护手套，避免肢体接触；

（4）现场配备急救箱包；

（5）危险废物、石油化工等场地禁止吸烟和使用明火；

（6）钻探作业前应探查采样点下部的地下罐槽、管线、集水井和检查井等地下情况，若地下情况不明，可用物探设备探明地下情况。

五、制订样品分析方案

应根据保守性原则，按照第一阶段调查确定的地块内外潜在污染源和污染物，依据国家和地方相关标准中的要求，同时考虑污染物的迁移转化，列出样品的检测分析项目；对于不能确定的项目，可选取潜在典型污染样品进行筛选分析。工业地块可选择的检测项目有重金属、挥发性有机物、半挥发性有机物等。土壤和地下水明显异常而常规检测项目无法识别时，可进一步结合色谱—质谱定性分析等手段对污染物进行分析，筛选判断非常规的特征污染物，必要时可采用生物毒性测试方法进行筛选判断。

六、提出质量保证和质量控制要求

提出质量保证和质量控制要求，应包括现场质量保证和质量控制要求、实验室分析的质量保证和质量控制要求。

健康和安全防护计划中，应急预案包括哪些内容？

任务 3.2 初步采样分析布点方案

 任务导入

在某大型工业园区的土壤污染状况调查中,调查团队为尽可能详细地了解土壤污染状况,决定在整个园区内布设大量的采样点,通过增加采样密度的方式来提高调查结果的准确性和可靠性。然而,在实际执行过程中,这种过密的布点方式导致工作量大幅增加,成本也随之上升,还使调查进度滞后并影响到后续工作安排。

在另一个化工园区的土壤污染状况调查中,由于时间紧迫和预算限制,调查团队决定减少采样点的数量,仅在一些代表性位置进行采样,以尽快完成调查任务并节约成本。然而,当调查结果出来后,调查团队却发现其并不能准确反映整个区域的土壤污染状况,一些明显存在污染问题的区域并没有被采样点覆盖到,而部分采样点的数据则无法代表周边较大范围的土壤情况,污染分布图存在较大的误差和不确定性,从而影响了调查结果的可信度。

上述两个例子表明,在制订布点采样方案时,必须权衡布点密度与成本。虽然增加采样点位可以提高调查结果的准确性和可靠性,但布点密度过大也会带来不必要的经济负担和工作压力。布点密度不够则会导致重要信息遗漏和代表性不足,从而无法准确评估土壤污染状况。采样点的数量和代表性对于调查结果的精确性至关重要。

思考:

1. 初步采样分析的布点密度为多少才合适?
2. 怎么选取代表点位,使调查结果更能反映土壤污染状况?

建设用地土壤污染状况调查采样分析以土壤和地下水为主。地块内涉及地表水和沉积物的,过境水体一般不作为调查工作重点,封闭水体的相关监测工作按照《建设用地 土壤污染风险管控和修复监测技术导则》(HJ 25.2—2019)进行。地块内存在可能因废(污)水汇集形成的沉积物,则应对汇集区域(如池、塘和湖等)进行采样监测。

一、土壤监测布点

（一）水平布点

初步调查采样点布设应以尽可能捕获污染为原则，布设在重点调查区域和区域内的关键疑似污染位置。确因现场条件限制或为防止污染，可将点位适当调整到尽可能接近污染源的位置，但与污染源距离不得大于5 m。

土壤监测点位数量要求如下：地块面积≤5 000 m²，土壤采样点位数不少于3个；地块面积＞5 000 m²，土壤采样点位数不少于6个。

地块内存在有污染风险的外来堆土时，每500 m³采集不少于1个样品。

1．布点方法

（1）分区布点法：对于地块内土地使用功能不同及污染特征差异明显的地块，可采用分区布点法进行监测点位的布设。分区布点法是将地块划分成不同的小区，再根据小区的面积或污染特征确定布点的方法。地块可按土地使用功能划分为生产区、办公区、生活区。原则上生产区的工作单元应以构筑物或生产工艺来划分，包括各生产车间、原料及产品储库、废水处理及废渣贮存场、场内物料流通道路、地下贮存构筑物及管线等；办公区包括办公建筑、广场、道路、绿地等；生活区包括食堂、宿舍及公用建筑等。对于土地使用功能相近、单元面积较小的生产区也可将几个工作单元合并成一个监测工作单元。

（2）系统随机布点法：对于地块内土壤特征相近、土地使用功能相同的区域，可采用系统随机布点法进行监测点位的布设。系统随机布点法是将监测区域分成面积相等的若干工作单元，从中随机（随机数的获得可以利用掷骰子、抽签、查随机数表等方法）抽取一定数量的工作单元，在每个工作单元内布设一个监测点位。抽取的样本数要根据地块面积、监测目的及地块使用状况确定。

（3）系统布点法：如地块土壤污染特征不明确或地块原始状况严重破坏，可采用系统布点法进行监测点位布设。系统布点法是将监测区域分成面积相等的若干工作单元，每个工作单元内布设一个监测点位。

（4）专业判断布点法：专业判断布点法是技术人员根据自身的专业知识和经验，结合已掌握的地块分布信息情况，判断出地块潜在污染区域并进行布点。该方法适用于潜在污染明确的地块。

上述四种常见的布点方法及适用条件如表3-1所示。

表3-1 四种常见的布点方法及适用条件

布点方法	适用条件
分区布点法	适用于污染分布不均匀，并获得污染分布情况的地块
系统随机布点法	适用于污染分布均匀的地块
系统布点法	适用于各类地块，特别是污染分布不明确或污染分布范围大的情况
专业判断布点法	适用于潜在污染明确的地块

图3-2所示为这四种常见的布点方法示意图。

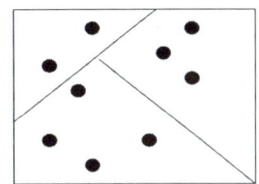 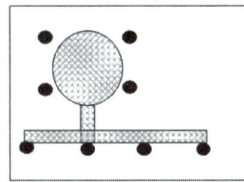

a. 分区布点法　　b. 系统随机布点法　　c. 系统布点法　　d. 专业判断布点法

图3-2 四种常见的布点方法示意图

2. 布点要求

对于工业企业地块的重点调查区域，应采用分区布点法划分采样单元（单个采样单元面积不超过1 600 m²）布设采样点位。

（1）重点调查区域：

①涉及有毒有害物质的生产装置区和辅助设施区；

②涉及有毒有害物质的储槽、储罐等储存及装卸区域；

③有毒有害物质输送管线、地下输送管线；

④污染处理设施区域；

⑤固体废物、危险废物储存库；

⑥历史上可能的废渣地下填埋区；

⑦污染事故影响区域；

⑧有异味、异色和明显污染痕迹的区域；

⑨其他涉及有毒有害物质的区域等。

重点调查区域应采用专业判断布点法或系统布点法布设采样点。

专业判断布点法采样点应尽可能接近区域内的关键疑似污染位置，说明判断布点的依据；系统布点法应按正方形网格划分工作单元，原则上不超过40 m×40 m，在每个工作单元中布设采样点。

（2）一般关注区域：历史上未包含上述重点调查区域建设内容且未发生过污染事故的生活区和办公区等其他区域为一般关注区域，对于一般关注区域，初步调查阶段可采取系统随机布点法和分区布点法，布设少量采样点位（工作单元原则上不超过100 m×100 m），面积＞5 000 m²的，至少布设3个采样点位。

注：①先分区，分为一般关注区域（生活区、办公区）和重点调查区域（生产区）；

②一般关注区用随机，点位不少于3个，且每个工作单元不超过100 m×100 m；

③重点调查区域网格不超过40 m×40 m，且每个网格都要布点；

④40 m×40 m的网格中，哪里最可能受污染，就把点布在哪。

> **水平布点歌**
> 先分区①，
> 一般关注用随机②，
> 重点区域用网格③，
> 潜在污染点，
> 专业判断来结合④。

【示例3-1】

某容器制品厂地块占地面积20 708.5 m²，由于地块历史沿革复杂，厂区功能规划更迭多次，因此，整个厂区均作为重点调查区域。采用系统布点法，按40 m×40 m的采样单元进行水平布点，采样单元内采用专业判断布点法进行采样点位选取，共布设土壤点位15个，地下水采样点位4个。地块点位布设信息如表3-2、图3-3所示。

表3-2 地块点位布设一览表

点位编号	位置	坐标	选取原因
S1/W1	地块西北侧，原仓库区域	E 113.5552** N 22.2427**	监测地块西北侧原仓库区域
S2	地块北侧，原输油管道衔接处，靠近原厂房危废储存区域	E 113.5554** N 22.2429**	原输油管道衔接处，靠近原厂房危废储存区域，北侧紧邻××汽修公司，靠近××加油站区域

（续表）

点位编号	位置	坐标	选取原因
S3	地块北侧，靠近原厂房车间机器放置区域	E 113.5554** N 22.2428**	原厂房生产车间机器放置区域，北侧紧邻××电工有限公司，靠近原××加油站区域
S4	地块北侧，靠近原厂房固体废弃物储存区域	E 113.5561** N 22.2432**	原厂房靠近固体废弃物储存区域，北侧紧邻××电工有限公司
S5/W2	地块东北侧	E 113.5565** N 22.2433**	监测地块东北侧土壤和地下水的情况，在第二类用地范围内，采用系统布点法
S6	地块西侧，原仓库区域	E 113.5554** N 22.2423**	监测地块西侧原仓库区域土壤污染状况
S7	地块西侧，输油管道附近，原仓库区域	E 113.5557** N 22.2425**	靠近输油管道，原仓库区域
S8	地块中部，原仓库区域，靠近原厂房固体废弃物储存区域	E 113.5560** N 22.2425**	靠近原仓库固体废弃物储存区域
S9	地块东侧，原厂房出货仓	E 113.5564** N 22.2428**	监测原出货仓区域土壤污染状况
S10	地块东侧	E 113.5567** N 22.2429**	监测地块东侧土壤污染状况
S11/W3	地块西南侧，靠近垃圾分类屋区域	E 113.5555** N 22.2420**	靠近垃圾分类屋区域，在第二类用地范围内，采用系统布点法
S12	地块西南侧，原油库区域，靠近原地下埋罐区	E 113.5559** N 22.2422**	原油库区域，原地下埋罐区，监测地下埋罐区土壤污染状况
S13	地块南侧靠近原油库区域	E 113.5562** N 22.2424**	靠近原油库区域，监测原油库区域土壤污染状况
S14	地块东南侧，车辆运输通道	E 113.5566** N 22.2426**	车辆使用过程中可能产生汽油机油跑冒滴漏对地块内土壤和地下水造成污染，监测地块东南侧土壤污染状况
S15/W4	地块东南侧	E 113.5568** N 22.2427**	监测地块东南侧土壤和地下水的情况

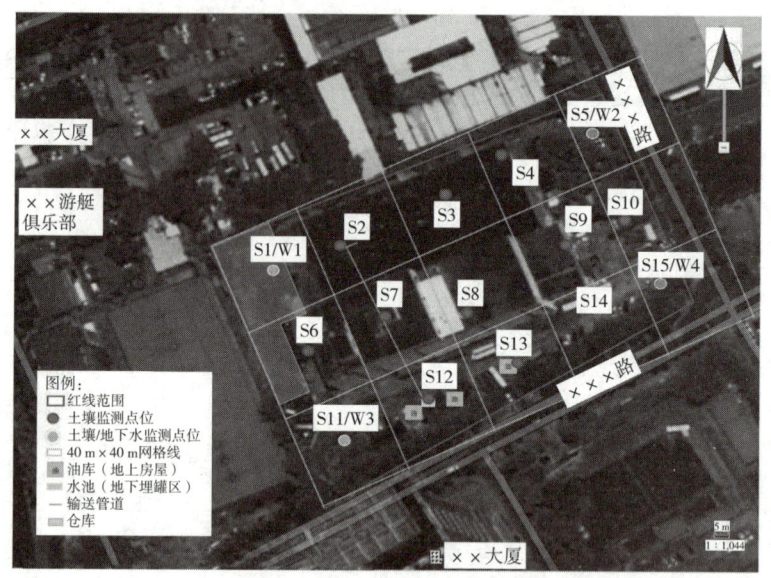

图3-3 地块点位布设图

（二）垂直布点

垂直布点采样深度应到达第一饱和含水层并穿透填土层。对于重点行业企业用地采样深度宜为5~8 m；如因风化层、含水层底板埋深较浅等原因，采样深度小于5 m，应详细说明并提供依据。其他用地采样深度不宜小于3 m。

地下罐（槽）、地下管道及沟渠周边采样点应在其底部以下，采样深度应超过3 m。

对于重点行业企业用地，每个钻孔至少应采集4~5个样品进行实验室分析；其他用地至少应采集3个样品进行实验室分析。分层原则如下：采样深度应扣除地表非土壤硬化层厚度，应采集0~0.5 m表层土壤样品，0.5 m以下深层土壤样品采用专业判断布点法采集；0.5~6 m土壤采样间隔不超过2 m；不同性质土层至少采集一个土壤样品，地下水位线附近应至少设置一个土壤采样点；同一性质土层厚度较大或出现明显污染痕迹时，根据实际情况在该层位增加采样点。

同一土层宜通过现场专业判断或根据现场快速检测设备的监测结果，筛选相关污染物含量最高点进行采样。

对存在异味的地块，可对土壤进行监测。

> **垂直布点歌**
>
> 半米以内布一个，
> 不同土层布一个，
> 污染痕迹布一个，
> 筛测最高布一个，
> 初见水位布一个，
> 两间距不超两米。
> 总深度五到八米，
> 最后一个要兜底。

一般情况下，应根据地块土壤污染状况调查阶段性结论及现场情况确定下层土壤的采样深度，最大深度应直至未受污染的深度为止。

（三）对照点布设

一般情况下，应在地块外部区域设置土壤监测对照点。土壤监测对照点宜设置在地块周边具相同土壤类型、未经扰动、周边没有污染源的地方。对照点数量根据实际需要确定，原则上不少于2个。如在地块周边已有符合要求的历史监测数据，可以引用。

二、地下水监测布点

（一）水平布点

地块内地下水采样监测点位总数不少于3个，原则上应沿地下水流向布设，在地下水流向上游、地下水可能污染较严重区域和地下水流向下游分别布设采样点位。

地下水采样点的布设应考虑地下水的流向、水力坡降、含水层渗透性、埋深和厚度等水文地质条件及污染源和污染物迁移转化等因素。对于地块内或临近区域内的现有地下水监测井，如果符合地下水环境监测技术规范，则可以作为地下水的取样点。

如果地下水流向未知，应结合相关污染信息，间隔一定距离按三角形或四边形布设3~4个地下水点位判断地下水流向。如地块面积较大，地下水污染较严重，且地下水较丰富，可在地块内地下水径流的上游和下游各增加1~2个监测井；如果地块地下岩石层较浅，没有浅层地下水富集，则在径流的下游方向可能的地下蓄水处布设监测井。

【示例3-2】

监测井的布设主要以地块实际地形及疑似污染区域作为考虑因素。结合地块实际情况，本次采样监测共布设5口地下水监测井，编号为W1~W5。根据地下水位测量数据，计算所得的地下水位标高数据如表3-3所示。

表3-3 地下水监测井布设情况一览表

序号	井编号	布设位置	地面相对高程/m	地下水位埋深/m	地下水位标高/m
1	W1	牛革生产车间	7.845	0.918	6.927
2	W2	化工仓	7.940	1.400	6.540
3	W3	机修车间，地块的中部	7.912	1.146	6.766
4	W4	猪革生产车间	7.664	1.032	6.632
5	W5	污水处理站	7.708	1.400	6.308

根据上述地下水水位数据，该地块大致地下水等水位线如图3-4所示。

图3-4 地下水等水位线

（二）垂直布点

一般情况下地下水样品采样深度应在监测井水面0.5 m以下，以调查浅层地下水为主。若地块调查至基岩或风化层或地下15 m仍无地下水，须提供各地下水监测点位现场岩芯照片或其他可靠的佐证材料，然后结束该地块地下水调查。

非水相流体（NAPL，Non-aqueous Phase Liquid）是泄露于土壤或含水层中且水不混溶的有机液体，下文中也称其为油。密度小于水的称为LNAPL（Light NAPL），也称为轻质油，通常为石油产品，如柴油、苯、二甲苯等；密度大于水的称为DNAPL（Density NAPL），也称为重油，通常为含卤素的有机溶剂（如PCE，PCB）和农药（如DDT），还有焦化产物（如煤焦油）。

对于存在轻质油污染的地下水，取样位置应设置在含水层顶部；对于存在重油污染的地下水，取样位置应设置在含水层底部，如图3-5所示。

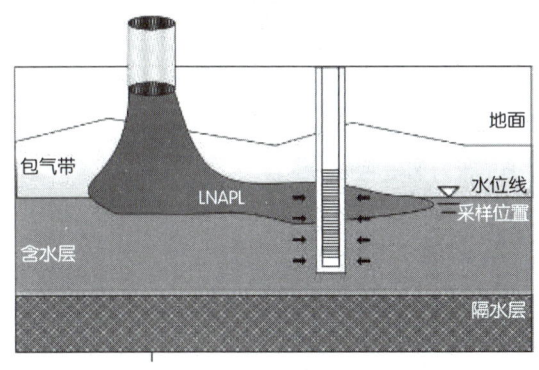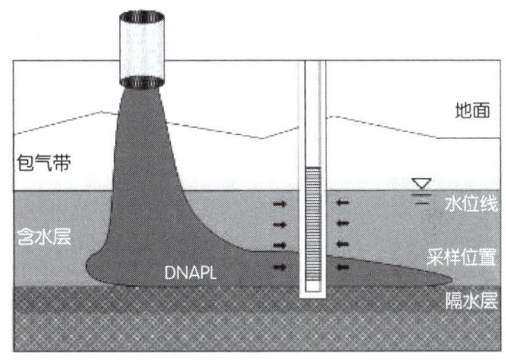

图3-5　有机污染地下水分层采样示意图

应根据监测目的、所处含水层类型及其埋深和相对厚度来确定监测井的深度，且不穿透浅层地下水底板。地下水监测目的层与其他含水层之间要有良好止水性。

若前期监测的浅层地下水污染非常严重，且存在深层地下水时，可在做好分层止水条件下增加一口深井至深层地下水，以评价深层地下水的污染情况。

> **地下水布点歌**
>
> 一地块至少三口，
> 布在潜在污染点，
> 呈三角或四边形；
> 轻于水，采上层，
> 重于水，采下层。

（三）对照点布设

地下水对照点应布置在地块地下水流向的上游，并远离周边污染源（工业区）。

【示例3-3】

某皮革厂地块位于城市中心，附近为其他工业企业和居民区，不适合选作对照点。经综合考虑，在地块附近的北面杨桃公园及东面蟹山公园的非杂填土区域选取对照点，如图3-6所示。两个对照点各取一个表层（0~20 cm）土壤样品。

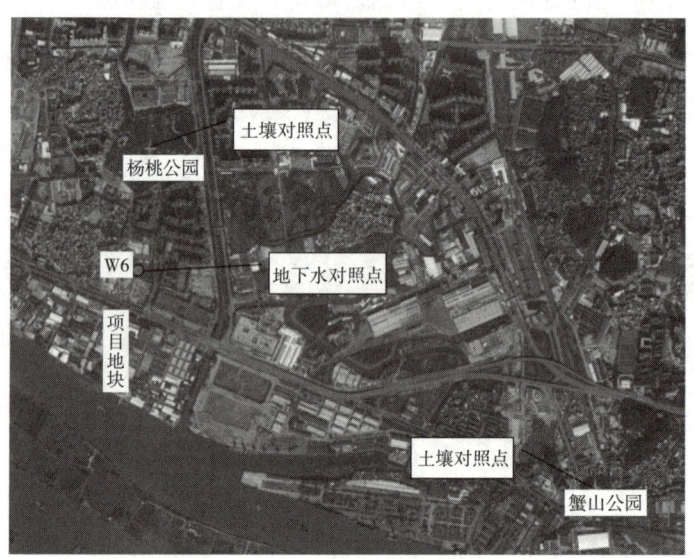

图3-6　地块土壤和地下水对照点布设

拓展提升

1. 现场采样过程中，是否可以根据现场实际情况对布点方案进行适当调整？为什么？

2. 土壤水平布点和垂直布点过程中，快速检测设备能为我们提供什么帮助？

项目评价

本项目评价如表3-4所示。

表3-4 项目评价表

评分项	评分子项	评分细则	总分	评分	点评
初步采样分析工作计划（20分）	工作计划	编制工作计划，工作计划内容完整、可行性强	20分		
初步采样分析布点方案（80分）	土壤监测布点	土壤水平布点方法正确，布点数量满足要求；土壤垂直布点分层合理，布点数量满足要求；对照点选取恰当	30分		
	地下水监测布点	地下水水平布点方法正确，布点数量满足要求；采样深度满足要求；对照点选取恰当	30分		
	地表水及沉积物监测布点	正确判断采集地表水和沉积物的必要性，掌握布点方法	20分		

初步采样分析工作计划编制

针对某一地块（由教师提供）编制一份初步采样分析工作计划，大纲如下所示。

土壤污染状况调查初步采样分析工作计划

1. 已有信息核查
2. 污染物的可能分布
3. 布点采样方案
3.1 工作单元划定
结合原地块使用功能、使用历史和污染特征综合考虑，本地块共识别出工作单

元（原则上地块内每一处可能发生渗漏的场所或设施均应单独作为一个工作单元）_____个，识别依据见表3-5，工作单元划分见图3-7。

表3-5 工作单元信息表

序号	工作单元	工作单元基本情况（从渗漏风险角度说明）	关注污染物（从污染物种类与毒性、用量/产生量角度说明）	点位数量（土壤和地下水）

图3-7 采样工作单元

注：根据实际情况在上述位置附采样工作单元划分图。

3.2 布点数量与位置

地块土壤采样点共_____个，地下水采样点共_____个。采样点位置描述及确定理由见表3-6，采样点坐标信息见表3-7，采样点分布见图3-8。

结合地下设施的分布深度及获取的地层信息，土壤钻探深度计划至_____，计划采样深度大致为_____，理由为_____。地下水监测井设计信息如表3-8所示。

表3-6 采样点位置筛选信息表（深度单位：m）

工作单元	采样点编号	采样点位置或范围	采样点位置确定理由（从污染捕获概率高于区域内其他位置的角度说明）	是否地下水采样点	计划钻探深度	监测井筛管深度	照片编号

表3-7 采样点坐标信息（2000国家大地坐标系）

采样点编号	X坐标	Y坐标	高程	计划采样深度及数量

图3-8 采样点分布图（示例）

注：根据实际情况在上述位置附采样点分布图。

表3-8 地下水监测井设计信息表

钻孔内径/cm		滤料填充深度范围	
井管外径/cm		计算滤料用量	
筛管深度范围		止水层深度范围	
井管组成		_____m实管和_____m筛管	

3.3 分析测试项目

污染识别确定的地块关注污染物及依据见表3-9。

表3-9 地块关注污染物信息表

分析对象	确定理由	测试项目	差异性测试项目
土壤			
地下水			
地表水/沉积物			

土壤与地下水最终测试项目见表3-10。

表3-10 土壤与地下水最终测试项目

介质	基本项	特征项
土壤		
地下水		
其他		

3.4 采样设备

现场调查所使用的设备及材料如表3-11所示。

表3-11 现场调查设备及材料

用途	设备及材料	厂家及型号
测绘与探测	设备：	
土壤样品采集		
地下水样品采集	钻探设备： 井管材料、管径、厚度及割缝： 滤料类型、止水材料： 水位尺、气囊泵、贝勒管、水样瓶：	
现场快速检测	x射线荧光光谱分析仪（XRF）： 光离子化气体检测仪（PID）：	
样品保存	保温箱、保温材料：	
样品运输		

3.5 采样方法及程序

简要说明样品采集工作流程与方法。样品采集、保存与流转信息如表3-12所示。

表3-12 样品采集、保存与流转信息表

样品类型	测试方法	测试项目	分装容器及规格	保护剂	采样量（体积/重量）	保存条件	运输及计划送达时间	保存时间/d	检测实验室	质控实验室

4. 健康和安全防护

4.1 地块安全风险识别

明确调查可能导致的易燃、易爆或二次污染等风险，细化各风险区域的范围及其与计划采样点的关系。

应与企业或地块使用权人逐一确认计划采样位置安全风险。

4.2 地块安全保障与风险防范措施

根据现有布点计划，说明开展现场采样可能存在的安全风险及拟采取的防范措施。

5．样品分析方案

5.1 测试方法

本地块土壤和地下水的测试方法选择如表3-13和表3-14所示。

表3-13　土壤测试方法

测试项目	测试方法	检出限／mg·kg^{-1}	＿＿＿类用地筛选值／mg·kg^{-1}

表3-14　地下水测试方法

测试项目	测试方法	检出限／mg·L^{-1}	地下水＿＿＿类标准／mg·L^{-1}

6．质量保证与质量控制

6.1 布点方案

说明布点方案的针对性、科学性，例如方案是否经过了解地块历史的人员、管理人员、相关专家等的访谈确认。

6.2 现场采样

说明现场采样人员安排、采样过程监督与影像记录要求，以及在有效期内进行样品保存、运输、交接的保障措施。

6.3 实验室分析

说明实验室在样品保存、前处理、分析过程的质量保证和质量控制措施。

项目4　样品采集

 项目导读

在土壤污染状况调查中,样品采集主要包括土壤样品和地下水样品的采集。样品采集的质量是关系到分析结果正确与否的一个先决条件,是保证检验报告科学、客观、正确的基本要求。

土壤和地下水样品采集应具有代表性,并根据不同分析项目采用相应的采样方法。为达到这一目的,采样前需做好充分的前期准备工作,按照布点方案精准定位采样点位,并结合物理探测结果和现场实际情况进行点位调整,保证采样的准确和安全。选择合适的钻探设备、地下水采样井建设材料、采样工具和设备,保障采样工作顺利完成。

 学习目标

知识目标:

1. 了解现场采样应准备的材料和设备。
2. 熟悉定位和探测设备、现场快速筛选设备的使用。
3. 熟悉土孔钻探方法和地下水采样井建设方法。
4. 掌握土壤和地下水样品的采集方法和步骤。

技能目标:

1. 能够独立完成采样前准备工作。
2. 能够根据布点方案精准定位采样点,并结合物理探测结果进行点位调整。
3. 能够正确选择和使用钻探设备和采样工具,高质量完成不同种类土壤样品采集。

项目 4　样品采集

4. 能够进行地下水采样井建设和洗井质量判断。

5. 能够正确选择和使用地下水采样设备并完成地下水采样。

6. 能够准确填写土壤钻探和采样、地下水建井、洗井和采样记录单等。

素质目标：

1. 树立正确的劳动观念，尊重劳动，尊重普通劳动者，形成吃苦耐劳的品质。

2. 强化安全意识，筑牢安全生产底线，不对安全问题存侥幸心理。

3. 通过团队协作和外部机构配合，增强组织协调能力，培养良好的人际交往能力。

启智增慧

1. 《中华人民共和国安全生产法》第二十八条规定，生产经营单位应当对从业人员进行安全生产教育和培训，保证从业人员具备必要的安全生产知识，熟悉有关的安全生产规章制度和安全操作规程，掌握本岗位的安全操作技能，了解事故应急处理措施，知悉自身在安全生产方面的权利和义务。未经安全生产教育和培训合格的从业人员，不得上岗作业。

2. 2020年12月，我国的"嫦娥五号"探测器在对月球开展快速探测之后，成功携带新鲜月球岩石和月球土壤样本返回地球，这是1976年以来人类首次成功完成"采样返回"任务。

本次采集的样本来自月球最大的月海风暴洋北缘的吕姆克山附近，钻取约2 m深的月壤岩芯柱，通过采样钻头深入月球内部和采样机械臂月球表面采样两种方式，共获得了约1 731 g月球样品。

中科院月球与深空探测总体部主任邹永廖介绍，返月样品对了解采样区的成分特征（岩石类型、矿物组分、化学成分等），月面物质与太阳风相互作用，月壤的成壤机理等研究具有重要意义。

土壤污染状况调查

任务 4.1 采样前准备

任务导入

山东某城市生活垃圾综合处理地块因被收回国有土地使用权而进行土壤环境状况调查。结果显示,该地块主要污染源包括场地各生产时期的垃圾接受、分选、污水处理裂解、检修等生产过程产生的污染物、原辅材料及固体废弃物的堆放存储等,主要污染物可能有铅、砷、镉、铬、汞、锌等重金属,VOCs、SVOCs、石油烃和氟化物等。项目地块主要污染途径包括原辅材料接受、分选、处理过程中的跑、冒、滴、漏,固体废弃物堆放过程中的淋溶,雨水管线和污水处理设施的渗漏,大气污染物的干湿沉降等过程。按照国家场地相关规定,需要开展土壤(地下水)污染状况初步调查,对项目地块土壤(地下水)进行采样分析,确认该地块中污染物的种类、浓度和分布。目前布点(采样)方案编制已完成,需要按照方案开展土壤和地下水采样工作。

思考:
1. 采样前需要做哪些准备工作?
2. 充分做好采样前准备工作对圆满完成采样任务有哪些裨益?

一、人员准备

采样前需首先确定采样调查组人员名单,如表4-1所示。所有人员明确负责工作和任职要求,并进行采样技术培训。

表4-1 采样调查组人员名单

调查组人员	负责工作和任职要求
工作组长	一般应具备污染地块调查工作经验
现场钻探技术负责人	应具备钻探等相关知识,负责现场钻探工作

（续表）

调查组人员	负责工作和任职要求
钻探技术人员	应有水文地质钻探经验，负责土孔钻探及地下水监测井建设
样品采集人员	应具有环境、土壤等相关专业知识，熟悉采样流程，掌握土壤和地下水采样的技术要求
样品管理员	应熟悉土壤和地下水样品保存、流转的技术要求
内审人员	应熟悉质量控制技术要求
应急安全人员	应熟悉国家安全相关法律法规，负责对突发事件进行应急处理

二、技术交底与协调进场

（一）技术交底

采样单位需依据采样方案选择合适的钻探方法和设备，与钻探单位和检测单位（或部门）进行技术交底，明确任务分工和要求，包括采样点位置、水文地质状况、采集的污染物种类等。

（二）协调进场

采样单位需与土地使用权人沟通，确定时间、联系人员，提出现场采样所需协助配合的具体要求，如临时存储采样工具仓库、人员和车辆进出厂证件、企业现场陪同的安保人员等，确认采样计划。

三、设备及材料准备

现场采样应准备的材料和设备包括定位仪器、现场探测设备、调查信息记录装备、监测井的建井材料、土壤和地下水取样设备、样品的保存装置和安全防护装备等，如表4-2所示。准备阶段需检查设备运行状况，并在使用前进行校准。

表4-2 现场采样物品准备清单

工序	设备名称
定位仪器	卫星定位系统、RTK测量仪、经纬仪和水准仪等
现场探测设备	手持取土钻、探地雷达、油水界面仪等
土壤钻探	手持取土钻、冲击式钻机、直推式钻机等,套管
	手持取土钻(存在安全隐患区表层样品的采集)
现场快速分析	XRF
	PID
	聚四氟乙烯采样袋
	pH计、溶解氧仪、电导率和氧化还原电位仪、浊度仪、水温计等
土壤样品采集	木或竹铲、不锈钢铲、特氟龙铲、刮刀
	VOC非扰动采样器及采样套管
	割管器
	岩芯箱
地下水建井	不锈钢井管、聚四氟乙烯井管,可螺纹、卡扣连接井管,井管帽、井锁
	滤水管缝宽0.2~0.5 mm隔缝筛管
	40目尼龙网或钢丝网
	沉淀管
	粒径1~2 mm的石英砂
	20~40 mm的球状膨润土
	混凝土(井台构筑)
地下水建井洗井	洗井泵(成井洗井流速不超过3.8 L/min)、贝勒管或气囊泵、潜水泵
	水位测定仪
地下水样品采集	气囊泵或低流量潜水泵(抽水速率小于0.3 L/min)或贝勒管(具有低流量调节阀)
样品保存流转	储存箱、冰柜(含蓝冰)
	塑封袋
	250 mL螺纹口棕色玻璃瓶
	500 mL棕色玻璃瓶

（续表）

工序	设备名称
样品保存流转	40 mL或60 mL VOA棕色玻璃瓶（部分添加保护剂）
	1 L磨口塞的棕色细口玻璃瓶
	泡沫塑料袋（防碰撞）
垃圾收集	废水桶、垃圾桶
安全防护用品	安全防护口罩
	一次性防护手套
	安全帽
信息录入与拍照	手持智能终端、影像记录设备
现场记录	采样、建井、洗井等记录单、记号笔、中性笔等

四、安全培训

由采样调查单位、土地使用权人和钻探单位组织进场前安全培训，培训内容包括设备的安全利用、机械施工安全培训、防火安全培训、现场人员安全防护及安全防护工具使用、应急预案介绍等。可采用观看企业安全视频、现场安全培训、召开安全培训会议等培训方式。

拓展提升

1. 采样前为什么要进行技术交底？为何要协调各方后才能进场？

2. 有人认为，采样前的安全培训是形式主义，你认为呢？

 土壤污染状况调查

任务 4.2 定位和探测

 任务导入

某地块在第一阶段土壤污染状况调查中被认为可能存在重金属污染,因而开展第二阶段采样调查。根据前期收集资料、现场踏勘和人员访谈等结果,形成了该地块的布点采样方案,确定了采样点位坐标。由于前期资料收集过程中未收集到地下储罐清单和地下管线图纸,需在物理探测之后方可进行土孔钻探。

思考:
1. 如何根据布点方案定位采样点位?
2. 物理探测一般是如何开展的?

一、定位

采样前,可采用卷尺、卫星定位仪、RTK测量仪、经纬仪和水准仪等工具在现场确定采样点的具体位置和地面标高,并在图中标出。

二、物理探测

土孔钻探前应对采样点地下情况进行探查,可选用手工钻探或物理探测设备探明地下情况,包括地层结构和非水相流体污染物分布探测,以及采样点下部的地下电缆、罐槽、管线、集水井和检查井等地下情况(主要依据地下管线和设施布局图以及咨询企业职工)。采用水位仪测量地下水水位,采用油水界面仪探测地下非水相液体。常见物理探测设备及适用情况如表4-3所示。

表4-3 常见物理探测设备及适用情况

常见物理探测设备种类	手工钻探	地质雷达勘探
探查深度	一般在1 m以内	可以超过1 m
适用范围	观察是否存在地下管线或障碍物	探查地下是否含有金属及其他材质的管线设施
特点	探查深度浅；成本低	不用开孔，且操作风险低；速度快、探测精度高、可获得连续结果

1. 土孔钻探前为何要开展物理探测？

2. 当地块地下管线和设施布局图完整齐备时，是否可以不进行物理探测？

任务 4.3 土壤样品采集

任务导入

山东某城市生活垃圾综合处理地块在第一阶段土壤污染状况调查中的调查结论显示，主要污染物可能有铅、砷、镉、铬、汞、锌等重金属，VOCs、SVOCs、石油烃和氟化物等，主要污染途径包括原辅材料接受、分选、处理过程中的跑、冒、滴、漏，固体废弃物堆放过程中的淋溶，雨水管线和污水处理设施的渗漏，大气污染物的干湿沉降等过程。

根据上述对地块内潜在污染区域和潜在污染物的判定，按照分区加系统布点法结合专业判断布点法的原则共布设了20个土壤采样点、6个地下水采样点，分布在垃圾分选车间、裂解车间、厌氧发酵区、污泥池等处。根据场地水文地质调查报告，该地块土层结构第3层为淤泥质粉质黏土，透水性差，污染物在该层很难发生迁移，因此最大采样深度为9.0 m。

> 思考：
> 1. 本地块最大采样深度为9.0 m，如何能采到9.0 m深的土样？
> 2. 重金属、VOCs、SVOCs的采样方法一致吗？

一、土孔钻探

（一）钻探方法选取

常用土孔钻探方法、优缺点及适用性比较如表4-4所示。

（二）钻孔深度

钻孔深度依据地块布点（采样）方案确定，钻孔过程中可根据现场实际情况进行适当调整。

为防止潜水层底板被意外钻穿，应从以下方面做好预防措施：

（1）开展调查前，必须收集区域水文地质资料，掌握潜水层和隔水层的分布、埋深、厚度和渗透性等信息，初步确定钻孔安全深度。

（2）优先选择熟悉当地水文地质条件的钻探单位进行钻探作业。

（3）钻探全程跟进套管，在接近潜水层底板时采用较小的单次钻深，并密切观察采出岩芯情况，若发现揭露隔水层，应立即停止钻探；若发现已钻穿隔水层，应立即提钻，在钻孔底部至隔水层投入足量止水材料进行封堵、压实，再完成建井。

（三）土孔钻探技术要求

土孔钻探按照钻机架设、开孔、钻进、取样、封孔、点位复测的流程进行，各环

表4-4 常用土孔钻探方法优缺点及适用性比较

钻探方法	优点	缺点	各类土层适用程度				
			黏性土	粉土	砂土	碎石、卵砾石	岩石
探坑法	①可从三维的角度来描述地层条件;②易于取得较多样品;③速度快且造价低;④可采集未经扰动的样品;⑤适用于多种地面条件;⑥可以观察到土壤的新鲜面,便于拍照,记录颜色和岩性等基本信息	①人工挖掘深度一般不宜超过1.2 m,除非有足够安全的支护措施,采用轮式/履带式的挖掘机,挖掘最大深度约为4.5 m;②污染物存在和运移的媒介会暴露于空气中,会造成污染物变质及挥发性物质的挥发;③不适合在地下水位以下取样;④对地块的破坏程度较大,挖掘出来的污染土壤易造成二次污染;⑤与钻孔勘探方法相比,产生弃土较多,需要回填清洁材料;⑥污染物更易于传播到空气或水体当中	++	++	++	++	—
手工钻探法	①可用于地层校验和采集设计深度的土壤样品;②适用于松散的人工堆积层和第四纪沉积的粉土、黏性土地层,即不含大块碎石等障碍物的地层;③适用于机械难以进入的地块	①采用人工操作,最大钻进深度一般不超过5 m,受地层的坚硬程度和人为因素影响较大,当有碎石等障碍物存在时,很难继续钻进;②由于含有杂物钻进钻孔中,可能导致土壤样品交叉污染;③只能采得体积较小的土壤样品	++	++	++	—	—
冲击钻探法	①钻探深度可达30 m;②对人员健康安全和地面环境影响较小;③钻进过程无须添加泥浆或冲洗介质,可以采集未经扰动的样品,可用于含挥发性有机物土壤样品的采集;④可采集到多类型样品,包括污染物分析试样、土工试验样品、地下水试样,还可用于地下水采样井建设	①不如探坑法获得地层的感性认识直观;②需要处置从钻孔中钻探出来的多余样品	++	++	++	+	—
直推式钻进	①适用于均质地层,典型采样深度为6~7.5 m;②钻进过程无须添加泥浆或冲洗介质,适用于挥发性有机物样品采集	①对操作人员技术要求较高;②不可用于坚硬岩层、卵石层和流沙地层;③典型钻孔直径为3.5~7.5 cm,对于建设采样井的钻孔需进行扩孔	++	++	++	—	—

注:"++"表示适用;"+"表示部分适用;"—"表示不适用。

节技术要求如下：

（1）根据钻探设备实际需要清理钻探作业面，架设钻机，设立警示牌或警戒线。

（2）开孔直径应大于正常钻探的钻头直径，开孔深度应超过钻具长度。

（3）每次钻进深度宜为50～150 cm，岩芯平均采取率一般不小于70%，其中，黏性土及完整基岩的岩芯采取率不应小于85%，沙土类地层的岩芯采取率不应小于65%，碎石土类地层岩芯采取率不应小于50%，强风化、破碎基岩的岩芯采取率不应小于40%。

应尽量选择无浆液钻进，全程套管跟进，防止钻孔坍塌和上下层交叉污染；采集不同样品时应对钻头和钻杆进行清洗，清洗废水应集中收集处置；钻进过程中揭露地下水时，要停钻等水，待水位稳定后，测量并记录初见水位及静止水位；土壤岩芯样品应按照揭露顺序依次放入岩芯箱，对土层变层位置进行标识。

（4）钻孔过程中应参照表4-5要求填写土壤钻孔采样记录单，并对采样点、钻进操作、岩芯箱、钻孔记录单等进行拍照记录。

采样拍照要求：按照钻井东、南、西、北四个方向进行拍照记录，照片应能反映周边建筑物、设施等情况，以点位编号+"E、S、W、N"分别作为东、南、西、北四个方向照片的名称。

钻进操作拍照要求：应体现钻孔作业中开孔、套管跟进、钻杆更换和取土器使用、原状土样采集等环节操作要求，每个环节至少1张照片。

岩芯箱拍照要求：体现整个钻孔土层的结构特征，重点突出土层的地质变化和污染特征，每个岩芯箱至少1张照片。

其他照片还包括钻孔照片（含钻孔编号和钻孔深度）、钻孔记录单照片等。

（5）钻孔结束后，对于不需设立地下水采样井的钻孔应立即封孔并清理恢复作业区地面。

（6）钻孔结束后，使用卫星定位系统或手持智能终端对钻孔的坐标进行复测，记录坐标和高程。

（7）对钻孔过程中产生的污染土壤应统一收集和处理，对废弃的一次性手套、口罩等个人防护用品应按照一般固体废弃物处置要求进行收集、处置。

二、土壤样品采集

（一）土壤样品采集一般要求

用于检测VOCs的土壤样品应单独采集，不允许对样品进行均质化处理，也不得采集混合样。

用取土器将柱状的钻探岩芯取出后，先采集用于检测VOCs的土壤样品，具体流程和要求如下：用刮刀剔除1~2 cm表层土壤后在新的土壤切面处快速采集样品。针对检测VOCs的土壤样品，应用非扰动采样器采集不少于5 g原状岩芯的土壤样品推入加有10 mL甲醇（色谱级或农残级）保护剂或磁力搅拌棒的40 mL棕色样品瓶内（或装满60 mL棕色样品瓶，依检测方法而定），推入时将样品瓶略微倾斜，防止将保护剂溅出；检测VOCs的土壤样品应采集双份，一份用于检测，一份留作备份。

用于检测含水率、重金属、SVOCs等指标的土壤样品，可用采样铲将土壤转移至广口样品瓶内并装满填实。

采样过程中应剔除石块等杂质，保持采样瓶口螺纹清洁以防止密封不严。

土壤装入样品瓶后，使用手持智能终端系统记录样品编码、采样日期和采样人员等信息，打印后贴到样品瓶上（建议同时用橡皮筋固定）。为了防止样品瓶上编码信息丢失，应同时在样品瓶原有标签上手写样品编码和采样日期，要求字迹清晰可辨。

土壤采样完成后，样品瓶需用泡沫塑料袋包裹，随即放入现场带有冷冻蓝冰的样品箱内进行临时保存。

（二）土壤样品采集拍照记录

在土壤样品采集过程中应对采样工具、采集位置、VOCs和SVOCs采样瓶土壤装样过程、样品瓶编号、盛放柱状样的岩芯箱、现场检测仪器使用等关键信息进行拍照记录，每个关键信息至少1张照片，以备质量控制所需。

（三）其他要求

在土壤样品采集过程中应做好人员安全和健康防护，要求佩戴安全帽和一次性口罩、手套，严禁用手直接采集土样，使用后废弃的个人防护用品应统一收集处置。采样前后应对采样器进行除污和清洗,采集不同的土壤样品应更换手套,避免交叉污染。

采样过程中应填写土壤钻孔采样记录单(表4-5)。

表4-5 土壤钻孔采样记录单

地块名称:							
采样点编号:			天气:		温度/℃:		
采样日期:			大气背景PID值:		自封袋PID值:		
钻孔负责人:		钻孔深度/m:	钻孔直径: mm				
钻孔方法:		钻机型号:	坐标(E, N):		是否移位:□是 □否		
地面高程/m:		孔口高程/m:	初见水位/m:		稳定水位/m:		
PID型号和最低检测限:			XRF型号和最低检测限:				
采样人员:							
工作组自审签字:			采样单位内审签字:				
钻进深度/m	变层深度/m	地层描述	污染描述	土壤采样			
		土质分类、密度、湿度等	颜色、气味、污染痕迹、油状物等	采样深度/m	样品编号	样品检测项(重金属/VOCs/SVOCs)	PID读数/ppm	XRF读数

注:①土质分类应按照《岩土工程勘察规范》(GB50021-2001)中土的分类和鉴定进行识别。

②若在产企业生产过程中可能产生VOCs污染,则土壤现场采样建议使用PID进行辅助判断,同时,每天采集一个大气背景PID值。

③若在产企业生产过程中可能产生重金属污染,则土壤现场采样建议使用XRF进行辅助判断。

三、土壤样品现场快速检测

根据地块污染情况,推荐使用光离子化气体检测仪(PID)对土壤VOCs进行快速检测,使用X射线荧光光谱分析仪(XRF)对土壤重金属进行快速检测。

根据地块污染情况和仪器灵敏度水平,设置PID、XRF等现场快速检测仪器的最低检测限和报警限,并将现场使用的便携式仪器的型号和最低检测限记录于表4-5中。

将土壤样品现场快速检测结果记录于表4-6中,超筛选值数值同时记录于表4-5中,应根据现场快速检测结果选取PID和XRF数值相对较大的样品送实验室检测。

拓展提升

1. 土壤样品采集前,为何要利用PID和XRF进行现场快速检测?

2. 有人认为,土壤深层样品的采集不重要,表层样品的采集才是关键。你认同吗?说说你的看法。

表4-6 土壤采样现场筛查记录表

地块名称：　　　　　　　点位编号：　　　　　　　采样日期：　　　　　　　天气情况：

XRF检测仪型号及编号：　　　　　PID检测仪型号及编号：

序号	筛查深度/dm	重金属 [XRF测试项目/ppm]					地块特征指标	PID/ppm	备注（取样位置）
		砷	镉	铜	铅	汞	镍			
第一类用地 筛选值/ppm			20	2000	400	8	150		大气背景PID值：	
第二类用地 筛选值/ppm			65	18000	800	38	900		自封袋PID值：	
1										
2										
3										
4										
5										
6										
7										
8										
9										
10										
设备检出限									0.001	

取样位置

样品一（平行样 □是 □否）				样品二（平行样 □是 □否）				样品三（平行样 □是 □否）				样品四（平行样 □是 □否）			
VOCs	SVOCs	重金属	其他	VOCs	SVOCs	重金属	其他	VOCs	SVOCs	重金属	其他	VOCs	SVOCs	重金属	其他

检测人员：　　　　　　　　　　　　采样单位内审签字：

工作组自审签字：

任务 4.4 地下水样品采集

任务导入

山东某城市生活垃圾综合处理地块在第一阶段土壤污染状况调查中的调查结论显示，主要污染物可能有铅、砷、镉、铬、汞、锌等重金属，VOCs、SVOCs、石油烃和氟化物等，主要污染途径包括原辅材料接受、分选、处理过程中的跑、冒、滴、漏，固体废弃物堆放过程中的淋溶，雨水管线和污水处理设施的渗漏，大气污染物的干湿沉降等过程。

根据上述对地块内潜在污染区域和潜在污染物的判定，按照分区加系统布点法结合判断布点法的原则共布设了20个土壤采样点、6个地下水采样点，分布在垃圾分选车间、裂解车间、厌氧发酵区、污泥池等处。根据场地水文地质调查报告，该地块土层结构第3层为淤泥质粉质黏土，透水性差，污染物在该层很难发生迁移，因此最大采样深度为9.0 m。

思考：

1. 地下水采样是否需要建井？地下水采样井如何设计？如何建设？
2. 地下水样品采集和一般的地下水井取水有何不同？

一、地下水采样井设计

根据地下水采样目的，合理设计采样井结构，如图4-1所示，具体包括井管、滤水管、填料等。

（一）井管设计

1. 井管型号选择

地下水采样井井管的内径要求不小于50 mm。

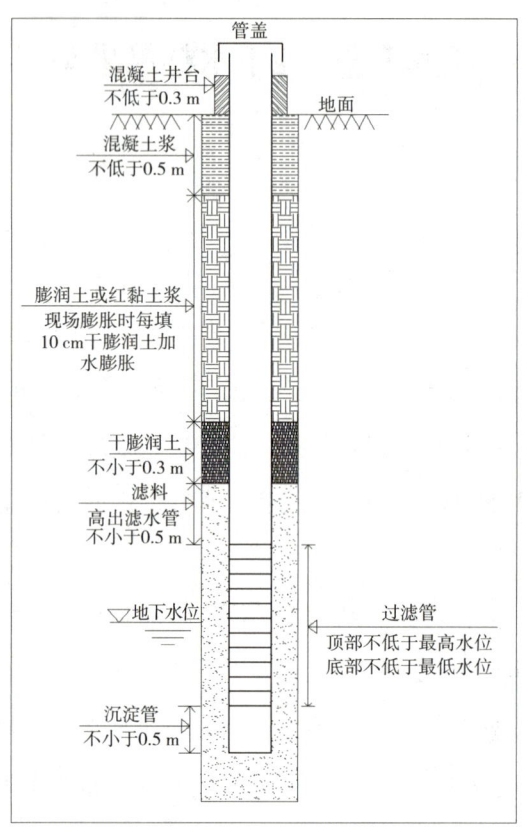

图4-1 地下水采样井结构示意图

2．井管材质选择

地下水采样井井管应选择坚固、耐腐蚀、不会对地下水水质造成污染的材料制成。当地下水检测项目为有机物或地下水需要长期监测时，宜选择不锈钢材质井管；当检测项目为无机物或地下水的腐蚀性较强时，宜选择聚氯乙烯（PVC）材质管件，井管材质选择要求如表4-7所示。

表4-7 井管材质选择要求

地下水中污染物类型	井管材质第一选择	井管材质第二选择	禁用材质
金属	聚四氟乙烯（PTFE）	优先序：丙烯腈-苯乙烯-丁二烯共聚物（ABS）＞硬聚氯乙烯（UPVC）＞聚氯乙烯（PVC）	304和316不锈钢
有机物	304和316不锈钢	优先序：PTFE＞ABS＞UPVC＞PVC	无
金属和有机物	无	优先序：PTFE＞ABS＞UPVC＞PVC	304和316不锈钢

3. 井管连接

可采用螺纹或卡扣对井管进行连接,应避免使用黏合剂,并避免连接处发生渗漏。井管连接后,各井管轴心线应保持一致。

(二)滤水管设计

滤水管的型号、材质等应与井管匹配,具体设计要求如下。

1. 滤水管长度

为了避免钻穿含水层底板,地下水水位以下的滤水管长度不宜超过3 m,地下水水位以上的滤水管长度根据地下水水位的动态变化来确定。

2. 滤水管位置

滤水管应置于拟取样含水层中以取得代表性水样。若地下水中可能或已经发现存在低密度非水相流体(LNAPL),滤水管应达到潜水面处;若地下水中可能或已经发现存在高密度非水相流体(DNAPL),滤水管应达到潜水层的底部,但应避免穿透隔水层。

3. 滤水管类型

宜选用缝宽0.2~0.5 mm的割缝筛管或孔隙能够阻挡90%的滤层材料的滤水管,割缝筛管选择要求如表4-8所示。滤水管钻孔直径不超过5 mm,钻孔之间距离在10~20 mm,滤水管外以细铁丝包裹和固定2~3层的40目钢丝网或尼龙网。

表4-8 割缝筛管选择要求

割缝筛管类型	含水层类型		
	均匀的中粗砂	非均匀的中砂	非均匀的粗砂
包网割缝筛管	$\delta = (1.5 \sim 2) d_{50}$	$\delta = d_{40} \sim d_{50}$	$\delta = d_{30} \sim d_{40}$
缠丝割缝筛管或其他割缝筛管	$\delta = (1 \sim 1.5) d_{50}$		

注:δ为滤缝宽度;d_{30}、d_{40}、d_{50}分别为含水层试样在筛分时能通过筛眼的颗粒累计重量占试样全重分别为30%、40%、50%时的筛眼直径。

4. 沉淀管长度

沉淀管的长度一般为50 cm。若含水层厚度超过3 m,地下水采样井原则上可以不设沉淀管，但滤水管底部必须用管堵密封。

（三）填料设计

地下水采样井填料从下至上依次为滤料层、止水层、回填层，各层填料要求如下：

（1）滤料层应从沉淀管（或管堵）底部一定距离到滤水管顶部以上50 cm。滤料层超出部分可容许在成井、洗井的过程中有少量的细颗粒土壤进入滤料层。

滤料层材料宜选择球度与圆度好、无污染的石英砂，使用前应经过筛选和清洗，避免影响地下水水质。滤料的粒径根据目标含水层土壤的粒度确定，一般以1~2 mm粒径为宜，具体可参照表4-9。

表4-9 滤料直径的选择

含水层类型	砂土类含水层	碎石土类含水层	
	$\eta_1<10$	$d_{20}<2$ mm	$d_{20}\geq 2$ mm
滤料的尺寸（D）	$D_{50}=(6\sim 8)d_{50}$ mm	$D_{50}=(6\sim 8)d_{20}$ mm	$D=10\sim 20$ mm
滤料的η_2要求	$\eta_2<10$		

注：①表中η_1和η_2分别为含水层和滤料的不均匀系数，即$\eta_1=d_{60}/d_{10}$，$\eta_2=D_{60}/D_{10}$。
②d_{10}、d_{20}、d_{50}、d_{60}和D_{10}、D_{50}、D_{60}分别为含水层试样和滤料试样在筛分时能通过筛眼的颗粒累计重量占筛样全重依次为10%、20%、50%、60%时的筛眼直径。

（2）止水层主要用于防止滤料层以上的外来水通过滤料层进入井内。止水部位应根据钻孔含水层的分布情况确定，一般选择在隔水层或弱透水层处。

止水层的填充高度应达到滤料层以上50 cm。为了保证止水效果，建议选用直径20~40 mm球状膨润土分两段进行填充，第一段从滤料层往上填充不小于30 cm干膨润土，然后采用加水膨润土或膨润土浆继续填充至距离地面50 cm处。

（3）回填层位于止水层之上至采样井顶部，宜根据场地条件选择合适的回填材料。优先选用膨润土作为回填材料，当地下水含有可能导致膨润土水化不良的成分时，宜选择混凝土浆作为回填材料。使用混凝土浆作为回填材料时，为延缓固化时间，可在混凝土浆中添加5%~10%的膨润土。

二、地下水采样井建设

地下水采样井建设过程包括钻孔、下管、滤料填充、密封止水、井台构筑（长期监测井需要）、成井洗井、封井等步骤，具体要求如下。

（一）钻孔

钻孔直径应至少大于井管直径50 mm。钻孔达到设定深度后进行钻孔清洗，以清除钻孔中的泥浆和钻屑，然后静置2~3 h并记录静止水位。

（二）下管

下管前应校正孔深，按先后次序将井管逐根丈量、排列、编号、试扣，确保下管深度和滤水管安装位置准确无误。

井管下放速度不宜太快，中途遇阻时可适当上下提动和转动井管，必要时应将井管提出，清除孔内障碍后再下管。下管完成后，将其扶正、固定，井管应与钻孔轴心重合。

（三）滤料填充

使用导砂管将滤料缓慢填充至管壁与孔壁中的环形空隙内，应沿着井管四周均匀填充，避免从单一方位填入，一边填充一边晃动井管，防止滤料填充时形成架桥或卡锁现象。

滤料填充过程中应进行测量，确保滤料填充至设计高度。

（四）密封止水

密封止水应从滤料层往上填充，直至距离地面50 cm。若采用膨润土球作为止水材料，每填充10 cm需向钻孔中均匀注入少量的清洁水，填充过程中应进行测量，确保止水材料填充至设计高度，静置待膨润土充分膨胀、水化和凝结（具体根据膨润土供应厂商建议时间调整），然后回填混凝土浆层。

(五) 井台构筑

若地下水采样井需建成长期监测井,则应设置保护性的井台构筑。井台构筑通常分为明显式和隐藏式井台,隐藏式井台与地面齐平,适用于路面等特殊位置。

明显式井台地上部分井管长度应保留30~50 cm,井口用与井管同材质的管帽封堵,地上部分的井管应采用管套保护(管套应选择强度较大且不宜损坏材质),管套与井管之间注混凝土浆固定,井台高度应不小于30 cm。

井台应设置标示牌,需注明采样井编号、负责人、联系方式等信息。

(六) 成井洗井

地下水采样井建成至少24 h后(待井内的填料得到充分养护稳定后),才能进行洗井。

洗井时一般控制流速不超过3.8 L/min,成井洗井是否达标可通过直观判断水质基本上达到水清砂净(即基本透明无色、无沉砂),同时监测pH值、电导率、浊度、水温等参数值达到稳定(连续三次监测数值浮动在±10%以内),或浊度小于50 NTU。避免使用大流量抽水或高气压气提的洗井设备,以免损坏滤水管和滤料层。

洗井过程中要防止交叉污染,用贝勒管洗井时应一井一管,气囊泵、潜水泵在洗井前要清洗泵体和管线,清洗废水要收集、处置。

典型洗井设备及其适用性如表4–10所示。

表4–10 典型洗井设备及其适用性

名称	配置	洗井类型	适用场址	优点	缺点	所需辅助
贝勒管	贝勒管、采样绳	攫取式	适用于井径大于贝勒管直径的地下水采样井	①成本低廉; ②设备轻便,操作简单; ③不受采样深度影响	①劳动强度大,尤其在深井及大口径井; ②不能完全清洗出建井时产生的土粒及粉土; ③水中泥沙较多时,易漏水而导致洗井强度增大	无

（续表）

名称	配置	洗井类型	适用场址	优点	缺点	所需辅助
潜水泵	采样泵、变频控制器、电缆、水管、钢绳	离心式	适用于各种场地的成井洗井，同时，井径≥5 cm，井深不超过90 m	①流量大，流速可调；②采样深度可达80 m	①叶轮及垫片极易磨损；②电机发热会影响水质，增加设备的故障率；③现场不方便维修	需外接电源
地表式离心泵	控制器、变频控制器、地表式离心泵、电缆、水管	吸引提升式	适用于成井洗井，且需采样井出水量较高，适用井径由抽水管决定	流量大，流速可调	①叶轮、垫片等易磨损；②洗井结束后不能立即采样；③较易把井抽干	需外接电源
气提泵	气管、水管	空气置换式	一般井深不超过7.5 m，若井深超过7.5 m，可加配空压机	①价格低廉；②流量可调；③便于清洗及维修	①只能洗到一半水位的井，效率较低，会产生大量气泡；②不能完全清洗出建井时产生的土粒及粉土；③洗井结束后不能立即采样；④流量及效率会随着深度增加而降低	需外接电源
低流量气囊泵	控制器、流通槽、气囊泵、泄降仪、进气出水双管	气囊挤压式	适用于井筛较短及井口径较小的采样井，同时，井径≥2 cm，井深不超过65 m	①对水体搅动较小，不带出沉底泥沙，洗出的废水较少；②便于现场清洗及维修	①只适用于采样前洗井；②深井或大口径井洗井比较慢	需外接电源或气源
蠕动泵	驱动器、泵头和软管	挤压式	适用于井筛较短的采样井，井径≥2 cm，井深不超过10 m	①不渗漏（气密性好），吸附性低、耐温性好；②不易老化、不溶胀、抗腐蚀、析出物低等；③可调节出水流量；④对水体搅动较小，不带出沉底泥沙，洗出的废水较少	①用柔性管，会使承受压力受到限制；②泵在运作时会产生一个脉冲流	需外接电源

（七）成井记录单

成井后测量记录点位坐标及管口高程，填写成井记录单（表4-11）、地下水采样井洗井记录单（表4-12）。

表4-11 成井记录单

采样井编号： 钻探深度/m：

地块名称					
周边情况					
钻机类型		井管直径/mm		井管材料	
井管总长/m		孔口距地面高度/m		滤水管类型	
滤水管长度/m		建孔日期	自 年 月 日开始		
沉淀管长度/m			至 年 月 日结束		
实管数量（根）	3 m	2 m	1 m	0.5 m	0.3 m
砾料起始深度/m					
砾料终止深度/m					
砾料（填充物）规格					
止水起始深度/m		止水厚度/m			
止水材料说明					
孔位略图		封孔厚度			
		封孔材料			
		护台高度			
		钻探负责人			
		工作组组长			
		采样单位内审			
		日期	年 月 日		

表4-12 地下水采样井洗井记录单

基本信息									
地块名称：									
采样日期：				采样单位：					
采样井编号：				采样井锁扣是否完整：是□　否□					
天气状况：				48小时内是否强降雨：是□　否□					
采样点地面是否积水：是□　否□									
洗井资料									
洗井设备/方式：				水位面至井口高度/m：					
井水深度/m：				井水体积/L：					
洗井开始时间：				洗井结束时间：					
pH检测仪型号	电导率检测仪型号		溶解氧检测仪型号		氧化还原电位检测仪型号		浊度仪型号		温度检测仪型号
现场检测仪器校正									
pH值校正，使用缓冲溶液后的确认值：									
电导率校正：①校正标准液；②标准液的电导率　　μS/cm									
溶解氧仪校正：满点校正读数　　mg/L，校正时温度　　℃，校正值　　mg/L									
氧化还原电位校正：①校正标准液；②标准液的氧化还原电位值　　mV									
洗井过程记录									
时间/min	洗井汲水速率/L·min^{-1}	水面距井口高度/m	洗井出水体积/L	温度/℃	pH值	电导率/μS·cm^{-1}	溶解氧/mg·L^{-1}	氧化还原电位/mV	浊度/NTU	洗井水性状（颜色、气味、杂质）
洗井前										
洗井中										
……										
洗井中										
洗井后										

(续表)

洗井水总体积/L：	洗井结束时水位面至井口高度/m：
现场洗井照片：	
洗井人员：	
采样人员：	
工作组自审签字：	采样单位内审签字：

成井过程中对井管处理（滤水管钻孔或割缝、包网处理、井管连接等）、滤料填充和止水材料、洗井作业和洗井合格出水、井台构筑（含井牌）等关键环节或信息应拍照记录，每个环节不少于1张照片，以备质量控制。

（八）封井

采样完成后，非长期监测的采样井应进行封井。封井应从井底至地面下50 cm全部用直径为20～40 mm的优质无污染的膨润土球封堵。

膨润土球一般采用提拉式填充，将直径小于井内径的硬质细管提前下入井中（根据现场情况尽量选择小直径细管），向细管与井壁的环形空间填充一定量的膨润土球，然后缓慢向上提管，反复抽提防止井下搭桥，确保膨润土球全部落入井中，再进行下一批次膨润土球的填充。

全部膨润土球填充完成后应静置24 h，测量膨润土填充高度，判断是否达到预定封井高度，并于7天后再次检查封井情况，如发现塌陷应立即补填，直至符合规定要求。

将井管高于地面部分进行切割，按照膨润土球填充的操作规程，从膨润土封层向上至地面注入混凝土浆进行封固。

三、地下水样品采集

（一）采样前洗井

采样前洗井要求如下：

（1）采样前洗井应至少在成井洗井48 h后开始。

（2）采样前洗井应避免对井内水体产生气提、气曝等扰动。若选用气囊泵或低流量潜水泵，泵体进水口应置于水面下1.0 m左右，抽水速率应不大于0.3 L/min，洗井过程中应测定地下水位，确保水位下降小于10 cm。若洗井过程中水位下降超过10 cm，则需要适当调低气囊泵或低流量潜水泵的洗井流速。

若采用贝勒管进行洗井，贝勒管汲水位置为井管底部，应控制贝勒管缓慢下降和上升，原则上洗井水体积应达到3~5倍滞水体积。

（3）洗井前对pH计、溶解氧仪、电导率和氧化还原电位仪等检测仪器进行现场校正，校正结果填入地下水采样井洗井记录单（表4-12）。

开始洗井时，以小流量抽水，记录抽水开始时间，同时洗井过程中每隔5分钟读取并记录pH值、温度（T）、电导率、溶解氧（DO）氧化还原电位（ORP）及浊度，连续三次采样达到以下要求后结束洗井：

①pH值变化范围为±0.1。

②温度变化范围为±0.5 ℃。

③电导率变化范围为±3%。

④DO变化范围为±10%，当DO<2.0 mg/L时，其变化范围为±0.2 mg/L。

⑤ORP变化范围为±10 mV。

⑥10 NTU<浊度<50 NTU时，其变化范围应在±10%以内；浊度<10 NTU时，其变化范围为±1.0 NTU；若含水层处于粉土或黏土地层时，连续多次洗井后的浊度≥50 NTU时，要求连续三次测量浊度变化值小于5 NTU。

（4）若现场测试参数无法满足（3）中的要求，或不具备现场测试仪器的，则洗井水体积达到3~5倍采样井内水体积后即可进行采样。

（5）采样前洗井过程中填写地下水采样井洗井记录单（表4-12）。

采样前洗井过程中产生的废水应统一收集、处置。

（二）地下水样品采集

（1）采样洗井达到要求后，测量并在地下水采样记录单（表4-13）上记录水位，若地下水水位变化小于10 cm，则可以立即采样；若地下水水位变化超过10 cm，应待地下水位再次稳定后采样；若地下水回补速度较慢，原则上应在洗井后2 h内完成地下水采样。若洗井过程中发现水面有浮油类物质，需要在地下水采样记录单上明确注明。

（2）地下水样品采集应先采集用于检测VOCs的水样，然后再采集用于检测其他水质指标的水样。

对于未添加保护剂的样品瓶，地下水采样前需用待采集水样润洗2~3次。

采集检测VOCs的水样时，优先采用气囊泵或低流量潜水泵，控制采样水流速率不高于0.3 L/min。使用低流量潜水泵采样时，应将采样管出水口靠近样品瓶中下部，使水样沿瓶壁缓缓流入瓶中，在此过程中避免出水口接触液面，直至在瓶口形成一向上弯月面，旋紧瓶盖，避免采样瓶中存在顶空和气泡。

使用贝勒管进行地下水样品采集时，应缓慢沉降或提升贝勒管。取出水样后，通过调节贝勒管下端出水阀或低流量控制器，使水样沿瓶壁缓缓流入瓶中，直至在瓶口形成一向上弯月面，旋紧瓶盖避免采样瓶中存在顶空和气泡。

地下水装入样品瓶后，使用手持智能终端记录样品编码、采样日期和采样人员等信息，打印后贴到样品瓶上。

地下水采集完成后，样品瓶应用泡沫塑料袋包裹，并立即放入现场装有冷冻蓝冰的样品箱内保存。

（3）地下水平行样采集要求。地下水平行样应不少于地块总样品数的10%，每个地块至少采集1份。

（4）使用非一次性的地下水采样设备，在采样前后需对采样设备进行清洗，清洗过程中产生的废水，应集中收集、处置。采用柴油发电机为地下水采集设备提供动力时，应将柴油机放置于采样井下风向较远的位置。

（5）地下水采样过程中应做好人员安全和健康防护，佩戴安全帽和一次性个人防护用品（口罩、手套等），废弃的个人防护用品等垃圾应集中收集、处置。

（6）地下水样品采集拍照记录

地下水样品采集过程中应对洗井、装样（用于VOCs、SVOCs、重金属和地下水水质监测的样品瓶）以及现场快速监测等环节进行拍照记录，每个环节至少1张照片，以备质量控制。

表4-13 地下水采样记录单

企业名称：						采样日期：				采样单位：		
天气（描述及温度）：						采样前48小时内是否强降雨：是□ 否□				采样点地面是否积水：是□ 否□		
油水界面仪型号：										是否有漂浮的油类物质及油层厚度：是□ ___ cm 否□		
地下水采样井编号	对应土壤采样点编号	采样井锁扣是否完整	水位埋深/m	采样设备	采样器放置深度/m	采样器汲水速率/L·min⁻¹	温度/℃	pH	电导率/μS·cm⁻¹	溶解氧/mg·L⁻¹	氧化还原电位/mV	浊度/NTU	地下水性状观察（颜色、气味、杂质、是否存在NAPLs、厚度）	样品检测指标（重金属\VOCs\SVOCs\水质等）
采样照片：												
采样人员：												
工作组自审签字：										采样单位内审签字：		

拓展提升

1. 地下水采样井成井洗井后，为何在采样前还要再次进行洗井？

2. 有人认为，地下水采样井的设计和建设不重要，地下水样品的采集才是关键。你认同吗？说说你的看法。

项目评价

本项目评价如表4-14所示。

表4-14　项目评价表

评分项	评分子项	评分细则	总分	评分	点评
采样前准备（10分）	人员准备、技术交底与协调进场、安全培训	人员配备合理，进行技术交底，进场前组织协调各方，安全培训到位	5分		
	设备及材料准备	设备及材料准备充分	5分		
定位和探测（10分）	定位	利用卫星定位系统、RTK测量仪等按照坐标定位，并测定地面标高	5分		
	物理探测	熟悉常见物理探测设备及适用场景	5分		
土壤样品采集（40分）	土孔钻探	钻探方法选取得当，钻孔深度适宜，熟悉土孔钻探技术要求	10分		
	土壤样品采集	掌握土壤样品采集一般要求，拍照和采样记录规范	20分		
	土壤样品现场快速检测	土壤样品现场快速检测规范	10分		
地下水样品采集（40分）	地下水采样井设计	井管、滤水管和填料设计满足要求	10分		
	地下水采样井建设	按照设计方案完成采样井建设	15分		
	地下水样品采集	采样前洗井满足要求，地下水样品采集规范	15分		

 实践活动

土壤样品采集

一、实训目的

（1）掌握挥发性有机物（VOCs）、半挥发性有机物（SVOCs）、重金属土壤样品的采集方法。

（2）能够根据污染物性质安排采样顺序。

二、仪器与材料

仪器设备：手持式取土钻、铁锹、刮刀、木或竹铲、不锈钢铲、VOCs非扰动采样器及采样套管、储存箱（含蓝冰）、聚四氟乙烯采样袋、40 mL棕色玻璃瓶（加有磁力搅拌棒并称重）、500 mL棕色广口玻璃瓶。

三、实训内容及操作步骤

（一）土孔钻探

利用手持式取土钻分别钻取0～20 cm和20～40 cm深度土样。

（二）样品采集

首先用刮刀剔除表层土壤。

针对检测VOCs的土壤样品，使用非扰动采样器在新的土壤切面处快速采集不少于5 g原状岩芯的土壤样品，推入加有磁力搅拌棒并称重的40 mL棕色样品瓶内。两个深度分别采集双份样品。

针对检测SVOCs的土壤样品，使用不锈钢铲在新的土壤切面处快速采集样品，转移至500 mL棕色广口玻璃瓶内并装满填实。

针对检测重金属的土壤样品，使用木铲在新的土壤切面处采集样品，转移至500 mL棕色广口玻璃瓶内并装满填实。

四、标签和采样记录单填写

（一）标签填写

在样品瓶标签上手写样品编号、采样日期、采样人员、监测项目，要求字迹清晰可辨。

（二）采样记录单填写

填写土壤采样记录单（表4-15）。

表4-15 土壤采样记录单

采样地点			
样品编号		经纬度	
采样日期		采样深度/cm	
监测项目			
采样人员			

五、思考

（1）不同污染物类型土壤样品为何要选用不同的采样工具？

（2）土壤采样时为何要同时填写标签和采样记录单？

项目5　样品保存和流转

 项目导读

样品保存和流转是土壤污染状况调查中非常重要的环节，涉及样品的完整性、可追溯性和准确性。前期按照要求完成了土壤和地下水样品的采集，必须通过适当的保存方法和流转措施，保证样品中待测组分不因环境条件、物理、化学及生物学性状的变化而发生改变，以便准确反映土壤和地下水的真实状况。同时，做好样品清点核实、交接流转管理，建立完整的样品追踪管理程序，做好书面记录，明确责任归属，避免样品被错误放置、混淆及保存过期。

 学习目标

知识目标：
1. 了解样品装运前核对、样品接收的方法，并按要求做好样品流转记录。
2. 熟悉土壤和地下水样品应添加的保护剂、保存时间、保存条件等。
3. 掌握土壤和地下水样品现场暂存和流转保存的方法。

技能目标：
1. 能够按照样品和测试方法的要求选择合适的保护剂。
2. 能够根据技术规范的要求选择合适的保存方法，选定正确的保存工具。
3. 能够正确清点、核对采集样品，保证样品运输质量。
4. 能够按照要求完成样品接收工作，填写交接单，及时发现问题、解决问题。

素质目标：
1. 培养细心、耐心和责任心。
2. 树立质量意识和规范意识。
3. 形成爱岗敬业、严格遵守操作规程、勇于担当的职业道德。

启智增慧

绿色低碳样品保存和流转是指在样品的采集、运输、处理和分析等环节中，采取一系列措施降低能耗、减少碳排放，助力实现"碳达峰、碳中和"的目标。具体措施有以下几类。

优化样品运输方式：尽量选择低碳环保的运输方式，如公共交通、拼车等，减少私家车的使用。同时，合理安排运输路线，避免不必要的绕行。

提高样品处理效率：通过改进样品处理流程和技术，提高样品处理效率，减少能源消耗和碳排放。例如，采用自动化设备进行样品处理，减少人工操作。

回收利用废弃物：在样品处理过程中产生的废弃物，如废液、废气等，应进行回收利用或妥善处理，避免对环境造成污染。

培训员工：加强员工绿色低碳意识的培训，提高他们在日常工作中的环保意识和行动力。

定期检查和评估：建立绿色低碳样品流转的监测和评估机制，定期检查和评估样品流转过程中的能耗和碳排放情况，及时发现问题并采取措施进行改进。

任务 5.1　样品保存

任务导入

某炼油厂地块因变更为住宅地块而开展了土壤污染状况调查。

在第一阶段污染状况调查中发现，原炼油厂的主要产品是凡士林、润滑油（脂）、钙基脂、防锈油、机油、软油、从煤焦油出产的"三苯"（苯、甲苯、二甲苯）、"三酚"（粗苯酚、三混甲酚、混合酚）、对苯二酚、古马隆树脂产品（苯并呋喃-茚树脂）等。从产品、原材料及副产品等角度进行理论分析，在上述产品的生产过程中，大量的VOCs，SVOCs，重金属砷、铍、铅、硼、镉、汞、硒、铬、镍、铁、铜等是其主要污染物。

基于上述结论进行了土壤和地下水的采样分析，然而检测结果显示VOCs在全部样品中均未检出，显然与第一阶段调查结论不符。经过调查发现，是因VOCs的采样瓶瓶盖密封不良，导致VOCs挥发。

思考：

1. 土壤和地下水样品在保存过程中应采取何种措施保证其准确性？
2. 可能含有重金属、VOCs、SVOCs的采样样品可以采用相同的保存方式吗？

一、样品保存条件

根据不同检测项目要求，应在采样前向样品瓶中添加一定量的保护剂，在样品瓶标签上标注检测单位内控编号，并标注样品有效时间。土壤和地下水样品保存的技术指标如表5-1和表5-2所示。

表5-1 土壤样品保存的技术指标

项目名称	采样容器	保存条件	保存时间
重金属	G，P	装满，4℃以下冷藏保存	180 d
VOCs	具聚四氟乙烯-硅胶衬垫螺旋盖的60 mL棕色广口G	装满，4℃以下冷藏保存（手工进样）	7 d（吹扫捕集/气相色谱-质谱法）
	40 mL棕色G	采集适量样品保存于装有清洁的磁力搅拌棒并称重的样品瓶，4℃以下冷藏保存	
	具聚四氟乙烯-硅胶衬垫螺旋盖的60 mL棕色广口G	装满，4℃以下冷藏保存（低浓度）	7 d（顶空/气相色谱-质谱法）
	棕色顶空瓶	采集2 g土样品保存于装有10 mL甲醇的顶空瓶中（高浓度）	
	22 mL棕色顶空瓶	采集2 g土样保存于装有10 mL饱和氯化钠溶液的顶空瓶中，4℃以下冷藏保存	7 d（顶空/气相色谱法）

（续表）

项目名称	采样容器	保存条件	保存时间
VOCs	具聚四氟乙烯-硅胶衬垫螺旋盖的60 mL或200 mL棕色广口G	装满，4 ℃以下冷藏保存	7 d（顶空/气相色谱法）
SVOCs	具塞磨口棕色G	装满，4 ℃以下冷藏保存	7 d
多氯联苯	广口棕色玻璃瓶或聚四氟乙烯衬垫螺口G	装满，4 ℃以下冷藏保存	14 d
二噁英	不锈钢或玻璃材质	/	长期稳定
石油烃	广口棕色G或聚四氟乙烯衬垫螺口G	装满，4 ℃以下冷藏保存	14 d
氰化物	G，P	装满，4 ℃以下冷藏保存	48 h
农药	广口棕色玻璃瓶或聚四氟乙烯衬垫螺口G	装满，4 ℃以下冷藏保存	14 d

注：G为硬质玻璃瓶，P为聚乙烯瓶（桶）。

表5-2　地下水样品保存、容器的洗涤和采样体积技术指标

项目名称	采样容器	保存剂及用量	保存期	采样量①/mL	容器洗涤方法
色*	G，P	/	12 h	250	I
嗅和味*	G	/	6 h	200	I
浑浊度*	G，P	/	12 h	250	I
肉眼可见物*	G	/	12 h	200	I
pH*	G，P	/	12 h	200	I
总硬度**	G，P	/	24 h	250	I
		加HNO$_3$，pH<2	30 d		
溶解性总固体**	G，P	/	24 h	250	I
硫酸盐**	G，P	/	7 d	250	I
氯化物**	G，P	/	30 d	250	I
钾	P	加HNO$_3$酸化使pH为1~2	14 d	250	II

（续表）

项目名称	采样容器	保存剂及用量	保存期	采样量①/mL	容器洗涤方法
钠	P	加HNO_3酸化使pH为1~2	14 d	250	II
铁	G，P	加HNO_3使其含量达到1%	14 d	250	III
锰	G，P	加HNO_3使其含量达到1%	14 d	250	III
铜	P	加HNO_3使其含量达到1%②	14 d	250	III
锌	P	加HNO_3使其含量达到1%②	14 d	250	III
钼	P	加HNO_3，pH<2	14 d	250	III
钴	P	加HNO_3，pH<2	14 d	250	III
挥发性酚类**	G	用H_3PO_4调至pH约为4，用0.01~0.02 g抗坏血酸除去余氯	24 h	1 000	I
阴离子表面活性剂**	G，P	加入甲醛，使甲醛体积浓度为1%	7 d	250	IV
耗氧量**	G	/	2 d	500	I
硝酸盐**	G，P	/	24 h	250	I
亚硝酸盐**	G，P	/	24 h	250	I
氨氮	G，P	H_2SO_4，pH<2	24 h	250	I
氟化物**	P	/	14 d	250	I
碘化物**	G，P	/	24 h	250	I
氰化物**	G，P	NaOH，pH>12	12 h	250	I
汞	G，P	1 L水样中加浓HCl 10 mL	14 d	250	III
砷	G，P	1 L水样中加浓HCl 10 mL	14 d	250	I
硒	G，P	1 L水样中加浓HCl 2 mL	14 d	250	III
镉	G，P	加HNO_3使其含量达到1%②	14 d	250	III
六价铬	G，P	NaOH，pH为8~9	24 h	250	III
铅	G，P	加HNO_3使其含量达到1%②	14 d	250	III
铍	G，P	加HNO_3使其含量达到1%	14 d	250	III
钡	G，P	加HNO_3使其含量达到1%	14 d	250	III

（续表）

项目名称	采样容器	保存剂及用量	保存期	采样量① /mL	容器洗涤方法
镍	G, P	加HNO_3使其含量达到1%	14 d	250	III
铝	G, P	加HNO_3，pH<2	30 d	100	III
硼	P	加HNO_3使其含量达到1%	14 d	250	I
锑	G, P	加HCl使其含量达到0.2%（氢化物法），1 L水样中加浓HCl 2 mL（原子荧光法）	14 d	250	III
银	G, P	加HNO_3使其含量达到0.2%	14 d	250	III
铊	G, P	加HNO_3使其含量达到1%	14 d	1 000	III
石油类**	G	加入HCl至pH<2	3 d	500	II
硫化物	G, P	1 L水样中加入5 mL氢氧化钠溶液（1 mol/L）和4 g抗坏血酸，使样品的pH≥11，避光保存	24 h	250	I
总大肠菌群**	G（灭菌）	加入硫代硫酸钠至0.2~0.5 g/L除去残余氯	4 h	150	I
菌落总数**	G（灭菌）	/	4 h	150	I
总α放射性 总β放射性	P	1 L水样加HNO_3（1+1）20 mL，pH<2	5 d	6 000	I
挥发性有机物**	40 mL棕色G	用1+10HCl调至pH≤2，加入0.01~0.02 g抗坏血酸除去余氯	14 d	40/个	I
硝基苯类**	G	若水中有余氯则1 L水样加入80 mg硫代硫酸钠	7 d	1 000	I
有机氯农药**	G	加入HCl至pH<2	7 d	1 000	I
有机磷农药**	G	加入HCl至pH<2	24 h	1 000	I
酚类化合物**	G	加入HCl至pH<2	7 d	1 000	I
氯苯类化合物**	G	加入HCl至pH<2	7 d	1 000	I
邻苯二甲酸酯类**	G	加入HCl或NaOH至pH=7	7 d	1 000	I

（续表）

项目名称	采样容器	保存剂及用量	保存期	采样量①/mL	容器洗涤方法
多环芳烃**	G	若水中有余氯则1 L水样加入80 mg硫代硫酸钠	7 d	1 000	Ⅰ
多氯联苯**	G	若水中有余氯则1 L水样加入80 mg硫代硫酸钠	7 d	1 000	Ⅰ

注：①"*"表示应尽量现场测定；"**"表示低温（0~4 ℃）避光保存。

②G为硬质玻璃瓶，P为聚乙烯瓶（桶）。

③①为单项样品的最少采样量；②如用溶出伏安法测定，可改用1 L水样中加19 mL浓$HClO_4$。

④Ⅰ、Ⅱ、Ⅲ、Ⅳ分别表示四种洗涤方法。

Ⅰ——无磷洗涤剂洗1次，自来水洗3次，蒸馏水洗1次，甲醇清洗1次，阴干或吹干；

Ⅱ——无磷洗涤剂洗1次，自来水洗2次，1+3HNO_3荡洗1次，自来水洗3次，蒸馏水洗1次，甲醇清洗1次，阴干或吹干；

Ⅲ——无磷洗涤剂洗1次，自来水洗2次，1+3HNO_3荡洗1次，自来水洗3次，去离子水洗1次，甲醇清洗1次，阴干或吹干；

Ⅳ——铬酸洗液洗1次，自来水洗3次，蒸馏水洗1次，甲醇清洗1次，阴干或吹干。

⑤经160 ℃干热灭菌2 h的微生物采样容器，必须在两周内使用，否则应重新灭菌。经121 ℃高压蒸气灭菌15 min的采样容器，如不立即使用，应于60 ℃将瓶内冷凝水烘干，两周内使用。细菌监测项目采样时不能用水样冲洗采样容器，不能采混合水样，应单独采样后2 h内送实验室分析。

二、样品现场暂存

采样现场需配备样品保温箱，内置冰冻蓝冰。样品采集后应立即存放至保温箱内，样品采集当天不能寄送至实验室时，样品需用冷藏柜在4 ℃下避光保存。水样装箱前应将水样容器内外盖盖紧，对装有水样的玻璃磨口瓶应用聚乙烯薄膜覆盖瓶口并用细绳将瓶塞与瓶颈系紧。同一采样点的样品瓶尽量装在同一箱内，与采样记录或样品交接单逐件核对，检查所采样品是否已全部装箱。装箱时应用泡沫塑料或波纹纸板垫底和间隔防震。

三、样品流转保存

样品应保存在有冰冻蓝冰的保温箱内寄送或运送到实验室，样品的有效保存时间为从样品采集完成到分析测试结束。地下水样品运输时应有押运人员，防止样品损坏或受污染。

 拓展提升

1. 土壤和地下水样品保存为何要添加保护剂？

2. 土壤和地下水样品为何要在4 ℃低温条件下避光保存？

任务 5.2 样品流转

 任务导入

某公司中标某原化工硫酸厂地块土壤污染状况调查项目。根据前期资料收集、分析、整理及现场踏勘访谈的结果汇总，原化工硫酸厂生产过程中主要涉及的有毒有害物质是重金属类物质，在厂区中也存在一定数量的油罐及原料储存设施，场地可能存在挥发性有机物污染。虽然厂区正式运行之前对油料及原料堆存地均做了地面硬化防渗处理，但在现场踏勘的过程中发现，部分原有的水泥地面有破裂现象。为了确保调查的完整性和科学性，需要对厂区土壤污染进行进一步采样调查。

该公司派出采样人员进行了采样，由于路途遥远且采样任务当天无法完成，采样人员将当天采集的样品委托快递运回公司检测。公司仓库管理人员接到样品后进行清点，发现有2个VOCs样品瓶破碎，1个重金属样品缺失。

💭 思考:

1. 重金属样品发生缺失，是采样漏取样还是快递丢失？
2. 如何保证采集的土壤样品安全流转？

一、装运前核对

样品管理员和质量检查员负责样品装运前的核对，要求样品与采样记录单逐个核对，检查无误后分类装箱，并填写样品保存检查记录单，如表5-3所示。如果核对结果发现异常，应及时查明原因，由样品管理员向采样工作组组长进行报告并记录。

样品装运前，填写样品运送单（表5-4），包括样品名称、采样时间、样品介质、检测指标、检测方法和样品寄送人等信息，样品运送单用防水袋保护，随样品箱一同送达样品检测单位。

样品装箱过程中，要用泡沫材料填充样品瓶和样品箱之间的空隙。样品箱用密封胶带打包。

表5-3　样品保存检查记录单

样品编号	样品标识	包装容器	样品状态	保存条件	保存时间	日常检查记录
工作组自审签字：			采样单位内审签字：			

表5-4 样品运送单

采样单位：				地块名称：		
联系人：				地块所在地：		
地址/邮编：		电话：		电子版报告发送至：		
		传真：		文本报告寄送至：		
质控要求：□标准 □其他（详细说明）				要求分析参数：（可加附件）		
检测方法：□国标（GB） □其他方法（详细说明）				特别说明 保温箱是否完整： 接收时保温箱内温度： 样品瓶是否有破损： 其他：		
加盖CMA章：□是 □否 加盖CNAS章：□是 □否						
样品编号	实验室样品号	采样日期	样品介质	样品容器与保护剂	□冷藏 □常温 □其他	
测试周期要求：□10个工作日 □7个工作日 □5个工作日 □其他（请注明）						
一个月后的样品处理：□归还样品提供单位 □由实验室处理 □样品保留时间＿＿月						
样品送出			样品接收		运送方法	
姓名： 日期：			姓名： 日期：			

二、样品运输

样品运输应保证样品完好并低温保存，采用适当的减震隔离措施，严防样品瓶破损、混淆或污染，在保存时限内运送至样品检测单位。

样品运输应设置运输空白样品进行运输过程的质量控制，一个样品运送批次设置一个运输空白样品。

三、样品接收

样品检测部门或单位收到样品箱后,应立即检查样品箱是否有破损,按照样品运输单清点核实样品数量、样品瓶编号以及破损情况。若出现样品瓶缺少、破损或样品瓶标签无法辨识等重大问题,样品检测单位的实验室负责人应在样品运送单中"特别说明"栏中进行标注,并及时与采样工作组组长沟通。

上述工作完成后,样品检测单位的实验室负责人在纸版样品运送单上签字确认并拍照发给采样单位。样品运送单应作为样品检测报告的附件。

样品检测部门或单位收到样品后,按照样品运送单要求,立即安排样品保存和检测。

土壤预留样品在样品库造册保存,一般保留2年。特殊、珍稀、涉仲裁、有争议样品一般要永久保存。分析取用后的剩余样品,待测定完成全部数据并报出后,也移交样品库保存,一般保留半年。

样品库要求保持干燥、通风、无阳光直射、无污染;要定期清理样品,防止霉变、鼠害及标签脱落。样品入库、领用和清理均需记录。

拓展提升

1. 土壤和地下水样品转运时为何要填写样品保存检查记录单和样品运送单?

2. 有人认为,样品流转主要是采样人员的责任,与仓库保管员和检测人员关系不大。你认同吗?说说你的看法。

项目评价

本项目评价如表5-5所示。

土壤污染状况调查

表5–5 项目评价表

评分项	评分子项	评分细则	总分	评分	点评
样品保存（50分）	样品保存条件	熟悉土壤和地下水样品保存条件	30分		
	样品现场暂存	样品现场暂存满足要求	10分		
	样品流转保存	样品流转保存满足要求	10分		
样品流转（50分）	装运前核对	进行样品保存检查，样品保存检查记录单和样品运送单填写规范，样品装箱满足要求	20分		
	样品运输	了解样品运输要求，增加运输空白样品	15分		
	样品接收	清点核实样品，及时安排样品保存和检测	15分		

实践活动

土壤样品保存与交接

一、实训目的

（1）掌握常规土壤样品的保存和流转方法。

（2）作为采样员和样品管理员，能够正确完成样品交接工作。

二、仪器与材料

保温箱、冰冻蓝冰、塑封袋、40 mL和500 mL棕色玻璃瓶、泡沫塑料袋。

三、实训内容及操作步骤

（一）土壤样品采集

按"项目四 样品采集"中的要求采集重金属、VOCs、SVOCs样品。

（二）土壤样品核对和保存

将采集的土壤样品用塑封袋密封保存，置于放有冰冻蓝冰的保温箱中，与采样记录逐件核对，检查所采样品是否已全部装箱。如果核对结果发现异常，应及时查明原因，并记录。装箱时应用泡沫塑料或波纹纸板垫底和间隔防震。

（三）土壤样品流转与交接

两人一组模拟采样员和样品管理员进行土壤样品流转与交接。

采样员填写样品运送单，并将样品箱送回实验室。

样品管理员收到样品箱后，立即检查样品箱是否有破损，按照样品运送单清点核实样品数量、样品瓶编号以及破损情况。完成后在样品运送单（表5-6）上签字并拍照发给采样员。

表5-6 样品运送单

地块名称：			
采样人及联系电话：			
样品编号	采样日期	容器与保护剂	保存温度
保温箱是否完整：		接收时保温箱内温度：	
样品瓶是否有破损：		其他：	
样品管理员签字：			

思考：

样品交接时为何一定要求样品管理员在样品运送单上签字？

项目6　样品分析

 项目导读

在土壤污染状况调查中，开展样品分析是对地块内的土壤、水体等介质进行采集，并对其中的污染物种类、浓度、分布等进行检测和分析。通过样品分析，可以了解地块的污染程度、污染范围和污染来源，为后续的环境治理和风险评估提供科学依据。

样品分析是土壤污染状况调查中的重要环节，对于了解地块污染状况、评估环境风险、追溯污染源、制订治理方案以及监测治理效果等都具有重要意义。样品分析的项目和方法需根据具体的地块情况和调查目的来确定。

 学习目标

知识目标：
1. 了解常见污染物的种类，包括重金属、挥发性有机物、半挥发性有机物等。
2. 熟悉土壤环境质量的相关标准。
3. 掌握常见污染物的检测方法。

技能目标：
1. 能够根据不同的污染地块类型，选定合适的检测项目并确定检测方法。
2. 能够根据分析结果，对土壤污染状况进行评估和分类。

素质目标：
1. 培养严谨的科学态度，对样品分析的结果保持客观、公正的态度。
2. 强化学生运用所学知识解决土壤污染问题的能力，培养创新思维。
3. 培养良好的环保意识，使学生认识到土壤和环境污染问题的严重性。

启智增慧

为贯彻落实《中华人民共和国环境保护法》，加强建设用地土壤环境监管，管控污染地块对人体健康的风险，保障人居环境安全，生态环境部制定《土壤环境质量 建设用地土壤污染风险管控标准（试行）》（GB 36600—2018），规定了保护人体健康的建设用地土壤污染风险筛选值和管制值，并提出监测、实施与监督要求。

任务 6.1 检测项目选取

任务导入

我国某钢铁生产基地于2015年整体关停，并对现有生产设备进行了拆除。退役场地总占地面积约2 671亩（亩：市制面积单位，1亩约等于6.67 m²），由3个生产区域（炼铁、转炉和焦化）组成，其中原炼铁区域占地1 205亩，原转炉区域占地927亩，原焦化区域占地539亩。钢铁生产基地关停后，根据整体开发规划，退役场地将在未来变更为公共管理与公共服务用地、绿地和交通运输用地等。但由于长期的工业生产，场地内留存有大量的污染问题，存在不可接受的健康风险，需开展场地修复才能进行再开发利用。从2015年开始，钢铁生产基地着手进行场地环境调查评估与修复全过程管理。

思考：

1. 钢铁生产基地进行场地调查，检测项目应如何确定？
2. 钢铁生产基地的特征污染物有哪些？

一、确定检测项目

(一) 检测项目选取原则

根据《建设用地土壤污染状况调查技术导则》（HJ 25.1—2019）要求，检测项目应根据保守性原则，按照第一阶段调查确定的地块内外潜在污染源和污染物，依据国家和地方相关标准中的基本项目要求，同时考虑污染物的迁移转化，判断样品的检测分析项目；对于不能确定的项目，可选取潜在典型污染样品进行筛选分析。一般工业地块可选择的检测项目有重金属、挥发性有机物、半挥发性有机物、氰化物和石棉等。如果土壤和地下水明显异常而常规检测项目无法识别，可进一步结合色谱—质谱定性分析等手段对污染物进行分析，筛选判断非常规的特征污染物，必要时可采用生物毒性测试方法进行筛选判断。

(二) 检测项目选取

1. 土壤检测项目

根据《土壤环境质量 建设用地土壤污染风险管控标准（试行）》（GB 36600—2018），建设用地土壤风险管控标准分为两类，一类是基本项目，此类项目为必测项目，包括重金属（砷、镉、铬、铜、铅、汞、镍）、挥发性有机物、半挥发性有机物；另一类是其他项目，依据不同企业的特征污染物进行选测。底泥检测项目参照土壤执行。

选测项目需根据调查地块第一阶段污染识别结果，将地块的特征污染物如重金属、有机农药类、氨氮及氟化物等，作为其他项目进行选测。土壤样品的分析项目见表6-1。

表6-1 土壤样品分析项目统计表

检测类别		检测指标
《土壤环境质量 建设用地土壤污染风险管控标准（试行）》基本项目（45项）	重金属和无机物	砷、镉、铬（六价）、铜、铅、汞、镍
	挥发性有机物（VOCs）	1,1,1,2-四氯乙烷、1,1,1-三氯乙烷、1,1,2,2-四氯乙烷、1,1,2-三氯乙烷、1,1-二氯乙烯、1,1-二氯乙烷、1,2,3-三氯丙烷、1,2-二氯丙烷、1,2-二氯乙烷、1,2-二氯苯、1,4-二氯苯、三氯乙烯、

（续表）

检测类别		检测指标
《土壤环境质量 建设用地土壤污染风险管控标准（试行）》基本项目（45项）	挥发性有机物（VOCs）	乙苯、二氯甲烷、反-1,2-二氯乙烯、四氯乙烯、四氯化碳、氯乙烯、氯仿、氯甲烷、氯苯、甲苯、苯、苯乙烯、邻-二甲苯、间，对-二甲苯、顺-1,2-二氯乙烯
	半挥发性有机物（SVOCs）	硝基苯、苯胺、2-氯酚、䓛、二苯并[a,h]蒽、苯并[a]芘、苯并[a]蒽、苯并[b]荧蒽、苯并[k]荧蒽、茚并[1,2,3-cd]芘、萘
《土壤环境质量 建设用地土壤污染风险管控标准（试行）》其他项目	重金属和无机物	锑、铍、钴、甲基汞、钒、氰化物
	挥发性有机物	一溴二氯甲烷、溴仿、二溴氯甲烷、1,2-二溴乙烷
	半挥发性有机物	六氯环戊二烯、2,4-二硝基甲苯、2,4-二氯酚、2,4,6-三氯酚、2,4-二硝基酚、五氯酚、邻苯二甲酸二（2-乙基己基）酯、邻苯二甲酸丁基苄酯、邻苯二甲酸二正辛酯、3,3′-二氯联苯胺
	有机农药类	阿特拉津、氯丹、p,p′-滴滴滴、p,p′-滴滴伊、滴滴涕、敌敌畏、乐果、硫丹、七氯、α-六六六、β-六六六、γ-六六六、六氯苯、灭蚁灵
	多氯联苯、多溴联苯和二噁英类	多氯联苯（总量）、3,3′,4,4′,5-五氯联苯（PCB 126）、3,3′,4,4′,5,5′-六氯联苯（PCB 169）、二噁英类（总毒性当量）、多溴联苯（总量）
	石油烃类	石油烃（$C_{10} \sim C_{40}$）

2．地下水检测项目

地下水检测项目主要选择《地下水质量标准》（GB/T 14848—2017）中的常规指标和非常规指标。检测分析项目以常规指标为主，不同地区可在此基础上，根据当地的实际情况选择非常规指标。

地下水环境检测时的气温、地下水水位、水温、pH、溶解氧、电导率、氧化还原电位、嗅和味、浑浊度、肉眼可见物等项目为每次检测的现场必测项目。地表水检测项目参考地下水执行。

调查过程中的检测项目应根据地下水污染实际情况进行选择。地下水样品的分析项目见表6-2。

表6-2 地下水样品分析项目统计表

检测类别		检测指标
《地下水质量标准》常规指标	感官性状及一般化学指标	色、嗅和味、浑浊度、肉眼可见物、pH、总硬度、溶解性总固体、硫酸盐、氯化物、铁、锰、铜、锌、铝、挥发性酚类、阴离子表面活性剂、耗氧量、氨氮、硫化物、钠
	微生物指标	总大肠菌群、菌落总数
	毒理学指标	亚硝酸盐、硝酸盐、氰化物、氟化物、碘化物、汞、砷、硒、镉、铬（六价）、铅、三氯甲烷、四氯化碳、苯、甲苯
	放射性指标	总α放射性、总β放射性
《地下水质量标准》非常规指标	毒理学指标	铍、硼、锑、钡、镍、钴、钼、银、铊、二氯甲烷、1,2-二氯乙烷、1,1,1-三氯乙烷、1,1,2-三氯乙烷、1,2-二氯丙烷、三溴甲烷、氯乙烯、1,1-二氯乙烯、1,2-二氯乙烯、三氯乙烯、四氯乙烯、氯苯、邻二氯苯、对二氯苯、三氯苯（总量）、乙苯、二甲苯（总量）、苯乙烯、2,4-二硝基甲苯、2,6-二硝基甲苯、萘、蒽、荧蒽、苯并[b]荧蒽、苯并[a]芘、多氯联苯（总量）、邻苯二甲酸二（2-乙基己基）酯、2,4,6-三氯酚、五氯酚、六六六（总量）、γ-六六六（林丹）、滴滴涕（总量）、六氯苯、七氯、2,4-滴、克百威、涕灭威、敌敌畏、甲基对硫磷、马拉硫磷、乐果、毒死蜱、百菌清、莠去津、草甘膦

3. 地表水和沉积物检测项目

地表水检测项目参考地下水执行，底泥检测项目参照土壤执行。

二、地块类型及特征污染物

我国污染地块类型多且复杂，不同的矿业活动和行业生产过程会产生不同的毒害污染物，包括无机类、有机类或无机-有机类污染物，并且常常出现与化学品生产或使用、产业过程相关的特征污染物。我国污染地块中主要污染物有重金属和无机物（如铬、镉、汞、砷、铅、铜、锌、镍等）、农药（如滴滴涕、六六六、三氯杀螨醇等）、石油烃、持久性有机污染物（如多氯联苯、灭蚁灵、多环芳烃等）、挥发性或溶剂类有机物（如三氯乙烯、二氯乙烷、四氯化碳、苯系物等）及有机-金属类污染物（如有机砷、有机锡、代森锰锌等）等。有的地块还存在酸污染或碱污染，大部分地块处于混合污染状态。除了化学性污染外，有的地块还存在病原性的生物污染和建筑垃圾类的物理性污染，这增加了污染地块的治理和修复难度。我国常见污染地块类型及其潜在特征污染物类型如表6-3所示。

表6-3 我国常见污染地块类型及其潜在特征污染物类型

行业分类	地块类型	潜在特征污染物类型
制造业	化学原料及化学品制造	挥发性有机物、半挥发性有机物、重金属和无机物、持久性有机污染物、农药
	电气机械及器材制造	重金属和无机物、有机氯溶剂、持久性有机污染物
	纺织业	重金属和无机物、氯代有机物
	造纸及纸制品	重金属和无机物、氯代有机物
	金属制品业	重金属和无机物、氯代有机物
	金属冶炼及延压加工	重金属和无机物
	机械制造	重金属和无机物、石油烃
	塑料和橡胶制品	半挥发性有机物、挥发性有机物、重金属和无机物
	石油加工	挥发性有机物、半挥发性有机物、重金属和无机物、石油烃
	炼焦厂	挥发性有机物、半挥发性有机物、重金属和无机物、氰化物
	交通运输设备制造	重金属和无机物、石油烃、持久性有机污染物
	皮革、皮毛制造	重金属和无机物、挥发性有机物
	废弃资源和废旧材料回收加工	持久性有机污染物、半挥发性有机物、重金属和无机物、农药
采矿业	煤炭开采和洗选业	重金属和无机物
	黑色金属和有色金属矿采选业	重金属和无机物、氰化物
	非金属矿物采选业	重金属和无机物、氰化物、石棉
	石油和天然气开采业	石油烃、挥发性有机物、半挥发性有机物
电力、燃气及水的生产和供应	火力发电	重金属和无机物、持久性有机污染物
	电力供应	持久性有机污染物
	燃气生产和供应	挥发性有机物、半挥发性有机物、重金属和无机物

（续表）

行业分类	地块类型	潜在特征污染物类型
水利、环境和公共设施管理业	水污染治理	持久性有机污染物、半挥发性有机物、重金属和无机物、农药
	危险废物的治理	持久性有机污染物、半挥发性有机物、重金属和无机物、挥发性有机物
	其他环境治理（工业固体废弃物、生活垃圾处理）	持久性有机污染物、半挥发性有机物、重金属和无机物、挥发性有机物
其他	军事工业研究、开发和测试设施	半挥发性有机物、重金属和无机物、挥发性有机物
	干洗店	挥发性有机物、有机氯溶剂
	交通运输工具维修	重金属和无机物、石油烃

三、典型污染物

（一）酞酸酯（PAE，又称邻苯二甲酸酯）

酞酸酯是邻苯二甲酸形成的酯的统称，一般为挥发性很低的黏稠液体。

酞酸酯是一类能起到软化作用的化学品。它被普遍应用于玩具、食品包装材料、医用血袋和胶管、乙烯地板和壁纸、清洁剂、润滑油、个人护理用品（如指甲油、头发喷雾剂、香皂和洗发液）等许多产品中。

（二）总石油烃（TPH）

总石油烃最初是指在原油中发现的含有碳氢化合物的混合物。

石油烃是目前环境中广泛存在的有机污染物之一，包括汽油、煤油、柴油、润滑油、石蜡和沥青等，是多种烃类（正烷烃、支链烷烃、环烷烃、芳烃）和少量其他有机物，如硫化物、氮化物、环烷酸类等的混合物。因为在原油和其他石油产品里包含有很多不同的碳氢化合物，将每种物质分开测量是不实际的，所以用TPH来衡量这类物质的总量。TPH包括己烷、苯、甲苯、二甲苯、萘等。

（三）农药类

有机农药主要是由碳、氢元素构成的一类农药，多数可用有机合成方法制得。

无机农药主要是由天然矿物原料加工、配制而成的农药，故又称矿物性农药。其有效成分都是无机的化学物质，常见的有石灰、硫黄、砷酸钙、磷化铝、硫酸铜等。

（四）多环芳烃（PAH）

PAH是由两个或以上苯环互相键合、不含杂原子和基团取代的一类碳氢化合物。PAH具有一定的挥发性，可通过呼吸、皮肤、食物、饮用水等接触途径进入人体。

目前已发现的PAH超过100种，其中多种被确认为致癌物。苯并[a]芘是危害最大的PAH之一，属于强致癌物质，因此对苯并[a]芘会有更为严格的限制。

PAH大多是由于有机物质的不完全燃烧产生的，如煤、汽油、柴油、烟草的燃烧以及食物的煎炸、烧烤过程均会产生此类物质。汽车废气、住宅加热系统、废弃物燃烧、石油的热裂解、工厂锅炉燃烧排放等人类活动，是PAH产生的主要来源。PAH也可能存在于石油产品，如润滑油、电容器电解油、矿物油和煤焦油中。由于矿物油和煤焦油常用作塑料及橡胶助剂，若其含有PAH，势必会带入塑料及橡胶材料中，而后者又几乎是电子电气产品不可或缺的。生活中常见的多环芳烃见表6-4。

表6-4 生活中常见的多环芳烃

序号	名称	英文名称
1	萘	Naphthalene
2	苊烯	Acenaphthylene
3	苊	Acenaphthene
4	芴	Fluorene
5	菲	Phenanthrene
6	蒽	Anthracene
7	荧蒽	Fluoranthene
8	芘	Pyrene
9	苯并[a]蒽	Benzo（a）anthracene
10	䓛	Chrysene
11	苯并[b]荧蒽	Benzo（b）fluoranthene

（续表）

序号	名称	英文名称
12	苯并[k]荧蒽	Benzo（k）fluoranthene
13	苯并[a]芘	Benzo（a）pyrene
14	茚苯[1,2,3-cd]芘	Indeno（1,2,3-cd）pyrene
15	二苯并[a,h]蒽	Dibenzo（a,h）anthracene
16	苯并[g,h,i]苝（二萘嵌苯）	Benzo（g,h,i）perylene

（五）多氯联苯（PCBs）

直至20世纪70年代末期，多氯联苯是北美商业中使用的一种人工合成的有机化合物，一直被广泛用于电气设备绝缘、热交换机、水利系统以及其他特殊应用中。

多氯联苯具有高毒、难降解、强脂溶和生物累积等特性，它是各种氯化联苯的混合物。经过几十年的使用与研究，人们才认识到多氯联苯对全球环境、对人体都有极大的危害。

1. 国产含多氯联苯电力电容器

我国含多氯联苯电力电容器的生产时间主要集中在1965—1974年，少数可能延续至1980年，如图6-1所示。我国生产含多氯联苯电力电容器的铭牌标号均含"L"字样，如"YL""YLW""CL""RLS""RLSI"等。

中国自20世纪50年代末开始进口PCBs用于油漆生产。

1965年中国开始自行生产PCBs。

1974年3月9日，原第一机械工业部发出经机〔1979〕225号《改用电力电容器浸渍材料的通知》（"关于有关制造企业停止采用多氯联苯为介质生产电器设备的决定"），规定中国不再制造含PCBs的电力电容器，随后PCBs在中国全面停产。

1979年8月11日，国家经济委员会、国务院环境保护领导小组发出关于《防止多氯联苯有害物质污染问题的通知》，规定今后不再进口以PCBs为介质的电器设备。

图6-1 中国多氯联苯生产和使用历程

2. 进口含多氯联苯电力电容器和变压器

我国进口含多氯联苯电力电容器和变压器的时间主要集中在1980年以前，在1980—1995年可能仍有少量进口。

进口含多氯联苯电力电容器和变压器的铭牌标号有明确的"PCBs""Acoclor"或"Askarel"等标记。

1. 某地块用于农药的生产加工，请判断其潜在特征污染物类型。

2. 某地块土壤中污染物检测含量超过筛选值，但等于或者低于环境背景值水平，可否不纳入污染地块管理？

任务 6.2 检测方法确定

2020年8月至2021年4月，某公司对某制革厂地块进行三次土壤污染状况调查。

第一次调查，样品中六价铬的浓度最高为2.79 mg/kg，已经接近3.0 mg/kg的筛选值（超过筛选值需要进一步调查和风险评估）。专家认为，该地块监测布点数量较少，结论存在不确定性，所以没有建议将其移出疑似污染地块清单。

第二次调查，该公司把布点加密到了9个，但总铬和六价铬的浓度仍偏高。在30个土壤样品中，有4个样品的六价铬最高浓度达到了3.0 mg/kg的筛选值。所以，专家认为该地块仍需作为疑似污染地块管理。

随后，该公司又进行了第三次调查，这次主要是针对第二次调查布点的总铬和六价铬进行复测。结果，复测的六价铬最高浓度竟然大幅下降到了1.3 mg/kg。

思考：

1. 三次调查结果不一致说明什么？
2. 为了保证检测结果的准确性，应如何选择检测方法？

检测方法是指实验室用于实施检测工作所依据的标准和技术规范。检测方法是实验室实施检测工作的主要依据，如果方法及程序不同就会造成结果不同，污染物检测首选国家标准和规范中规定的分析方法。

一、土壤样品检测方法选取

土壤监测主要选用《土壤环境质量 建设用地土壤污染风险管控标准（试行）》（GB 36600—2018）中推荐的检测方法，尚未有国家标准和环境行业标准检测方法的，可参考国内其他行业标准、国际标准或其他国家现行有效的标准检测方法进行。检测方法检出限原则上应满足评价标准的要求。土壤样品中污染物的检测分析方法见表6-5。

表6-5 土壤样品中污染物的检测分析方法

序号	污染物项目	分析方法
1	砷	土壤和沉积物 汞、砷、硒、铋、锑的测定 微波消解/原子荧光法
		土壤和沉积物 12种金属元素的测定 王水提取-电感耦合等离子体质谱法
		土壤质量 总汞、总砷、总铅的测定 原子荧光法 第2部分：土壤中总砷的测定
2	镉	土壤质量 铅、镉的测定 石墨炉原子吸收分光光度法
3	铬（六价）	土壤和沉积物 六价铬的测定 碱溶液提取/原子吸收分光光度法

（续表）

序号	污染物项目	分析方法
4	铜	土壤质量　铜、锌的测定　火焰原子吸收分光光度法
		土壤和沉积物　无机元素的测定　波长色散X射线荧光光谱法
5	铅	土壤质量　铅、镉的测定　石墨炉原子吸收分光光度法
		土壤和沉积物　无机元素的测定　波长色散X射线荧光光谱法
6	汞	土壤和沉积物　汞、砷、硒、铋、锑的测定　微波消解/原子荧光法
		土壤质量　总汞、总砷、总铅的测定　原子荧光法　第1部分：土壤中总汞的测定
		土壤质量　总汞的测定　冷原子吸收分光光度法
		土壤和沉积物　总汞的测定　催化热解-冷原子吸收分光光度法
7	镍	土壤质量　镍的测定　火焰原子吸收分光光度法
		土壤和沉积物　无机元素的测定　波长色散X射线荧光光谱法
8	四氯化碳、氯仿、1,1-二氯乙烷、1,2-二氯乙烷、1,1-二氯乙烯、顺-1,2-二氯乙烯、反-1,2-二氯乙烯、二氯甲烷、1,2-二氯丙烷、1,1,1,2-四氯乙烷、1,1,2,2-四氯乙烷、四氯乙烯、1,1,1-三氯乙烷、1,1,2-三氯乙烷、三氯乙烯、1,2,3-三氯丙烷、氯乙烯、一溴二氯甲烷、溴仿、二溴氯甲烷、1,2-二溴乙烷	土壤和沉积物　挥发性有机物的测定　顶空/气相色谱-质谱法
		土壤和沉积物　挥发性卤代烃的测定　顶空/气相色谱-质谱法
		土壤和沉积物　挥发性有机物的测定　吹扫捕集/气相色谱-质谱法
		土壤和沉积物　挥发性卤代烃的测定　吹扫捕集/气相色谱-质谱法
		土壤和沉积物　挥发性有机物的测定　顶空/气相色谱法
9	氯甲烷	土壤和沉积物　挥发性卤代烃的测定　顶空/气相色谱-质谱法
		土壤和沉积物　挥发性有机物的测定　吹扫捕集/气相色谱-质谱法
		土壤和沉积物　挥发性卤代烃的测定　吹扫捕集/气相色谱-质谱法

（续表）

序号	污染物项目	分析方法
10	苯、氯苯、乙苯、苯乙烯、甲苯、间-二甲苯+对-二甲苯、邻-二甲苯	土壤和沉积物　挥发性有机物的测定　顶空/气相色谱-质谱法
		土壤和沉积物　挥发性有机物的测定　吹扫捕集/气相色谱-质谱法
		土壤和沉积物　挥发性有机物的测定　顶空/气相色谱法
		土壤和沉积物　挥发性芳香烃的测定　顶空/气相色谱法
11	1,2-二氯苯、1,4-二氯苯	土壤和沉积物　挥发性有机物的测定　顶空/气相色谱-质谱法
		土壤和沉积物　挥发性有机物的测定　吹扫捕集/气相色谱-质谱法
		土壤和沉积物　半挥发性有机物的测定　气相色谱-质谱法
		土壤和沉积物　挥发性有机物的测定　顶空/气相色谱法
		土壤和沉积物　挥发性芳香烃的测定　顶空/气相色谱法
12	硝基苯、苯胺、六氯环戊二烯、2,4-二硝基甲苯、邻苯二甲酸二（2-乙基己基）酯、邻苯二甲酸丁基苄酯、邻苯二甲酸二正辛酯、3,3′-二氯联苯胺	土壤和沉积物　半挥发性有机物的测定　气相色谱-质谱法
13	2-氯酚、2,4-二氯酚、2,4,6-三氯酚、2,4-二硝基酚、五氯酚	土壤和沉积物　半挥发性有机物的测定　气相色谱-质谱法
		土壤和沉积物　酚类化合物的测定　气相色谱法
14	苯并[a]蒽、苯并[a]芘、苯并[b]荧蒽、苯并[k]荧蒽、䓛、二苯并[a,h]蒽、茚并[1,2,3-cd]芘	土壤和沉积物　多环芳烃的测定　高效液相色谱法
		土壤和沉积物　多环芳烃的测定　气相色谱-质谱法
		土壤和沉积物　半挥发性有机物的测定　气相色谱-质谱法
15	萘	土壤和沉积物　多环芳烃的测定　气相色谱-质谱法
		土壤和沉积物　挥发性有机物的测定　吹扫捕集/气相色谱-质谱法
		土壤和沉积物　挥发性有机物的测定　顶空/气相色谱法
		土壤和沉积物　半挥发性有机物的测定　气相色谱-质谱法

（续表）

序号	污染物项目	分析方法
16	锑	土壤和沉积物 汞、砷、硒、铋、锑的测定 微波消解/原子荧光法
		土壤和沉积物 12种金属元素的测定 王水提取-电感耦合等离子体质谱法
17	铍	土壤和沉积物 铍的测定 石墨炉原子吸收分光光度法
18	钴、钒	土壤和沉积物 12种金属元素的测定 王水提取-电感耦合等离子体质谱法
		土壤和沉积物 无机元素的测定 波长色散X射线荧光光谱法
19	甲基汞	土壤和沉积物 烷基汞的测定 吹扫捕集/气相色谱原子荧光法
20	氰化物	土壤 氰化物和总氰化物的测定 分光光度法
21	阿特拉津	土壤和沉积物 阿特拉津和西玛津的测定 液相色谱法
22	氯丹、硫丹、六氯苯、灭蚁灵	土壤和沉积物 有机氯农药的测定 气相色谱-质谱法
		土壤和沉积物 有机氯农药的测定 气相色谱法
23	p,p′-滴滴滴、p,p′-滴滴伊、滴滴涕、α-六六六、β-六六六、γ-六六六	土壤和沉积物 有机氯农药的测定 气相色谱-质谱法
		土壤和沉积物 有机氯农药的测定 气相色谱法
		土壤质量 六六六和滴滴涕的测定 气相色谱法
24	敌敌畏、乐果	土壤和沉积物 杀虫剂 气相色谱法、气相色谱-质谱法或高效液相色谱法
25	七氯	土壤和沉积物 有机氯农药的测定 气相色谱-质谱法
26	多氯联苯（总量）、3,3′,4,4′,5-五氯联苯（PCB 126）、3,3′,4,4′,5,5′-六氯联苯（PCB 169）	土壤和沉积物 多氯联苯的测定 气相色谱-质谱法
		土壤和沉积物 多氯联苯的测定 气相色谱法
27	二噁英（总毒性当量）	土壤和沉积物 二噁英类的测定 同位素稀释高分辨气相色谱-高分辨质谱法
28	石油烃（$C_{10} \sim C_{40}$）	土壤和沉积物 总石油烃的测定 气相色谱法

二、地下水样品检测方法选取

地下水与土壤的分析项目和分析方法存在一些不同之处，主要表现在分析项目、分析方法、样品处理和实验室要求等方面。在地下水样品检测过程中，需要根据具体情况选择合适的分析方法，并严格按照操作规程进行样品处理和实验室分析，以保证分析结果的准确性和可靠性。地下水中各污染因子的检测方法应按照《地下水质量标准》（GB/T 14848—2017）中的指定方法进行，地下水质量检测指标推荐分析方法如表6-6所示。

表6-6 地下水质量检测指标推荐分析方法

序号	检测指标	推荐分析方法
1	色	铂-钴标准比色法
2	嗅和味	嗅气和尝味法
3	浑浊度	散射法、比浊法
4	肉眼可见物	直接观察法
5	pH	玻璃电极法（现场和实验室均需检测）
6	总硬度	EDTA滴定法、电感耦合等离子体原子发射光谱法、电感耦合等离子体质谱法
7	溶解性总固体	105 ℃干燥重量法、180 ℃干燥重量法
8	硫酸盐	硫酸钡重量法、离子色谱法、EDTA滴定法、硫酸钡比浊法
9	氯化物	离子色谱法、硝酸银滴定法
10	铁	电感耦合等离子体原子发射光谱法、原子吸收光谱法、分光光度法
11	锰	电感耦合等离子体原子发射光谱法、电感耦合等离子体质谱法、原子吸收光谱法
12	铜	电感耦合等离子体质谱法、原子吸收光谱法
13	锌	电感耦合等离子体质谱法、原子吸收光谱法
14	铝	电感耦合等离子体原子发射光谱法、电感耦合等离子体质谱法
15	挥发性酚类	分光光度法、溴化滴定法

（续表）

序号	检测指标	推荐分析方法
16	阴离子表面活性剂	分光光度法
17	耗氧量（CODmn法）	酸性高锰酸盐法、碱性高锰酸盐法
18	氨氮	离子色谱法、分光光度法
19	硫化物	碘量法
20	钠	电感耦合等离子体原子发射光谱法、火焰发射光度法、原子吸收光谱法
21	总大肠菌群	多管发酵法
22	菌落总数	平皿计数法
23	亚硝酸盐	分光光度法
24	硝酸盐	离子色谱法、紫外分光光度法
25	氰化物	分光光度法、容量法
26	氟化物	离子色谱法、离子选择电极法、分光光度法
27	碘化物	分光光度法、电感耦合等离子体质谱法、离子色谱法
28	汞	原子荧光光谱法、冷原子吸收光谱法
29	砷	原子荧光光谱法、电感耦合等离子体质谱法
30	硒	原子荧光光谱法、电感耦合等离子体质谱法
31	镉	电感耦合等离子体质谱法、石墨炉原子吸收光谱法
32	铬（六价）	电感耦合等离子体质谱法、分光光度法
33	铅	电感耦合等离子体质谱法
34	总α放射性	厚样法
35	总β放射性	薄样法
36	铍	电感耦合等离子体质谱法
37	硼	电感耦合等离子体质谱法、分光光度法
38	锑	原子荧光光谱法、电感耦合等离子体质谱法
39	钡	电感耦合等离子体质谱法
40	镍	电感耦合等离子体质谱法
41	钴	电感耦合等离子体质谱法

（续表）

序号	检测指标	推荐分析方法
42	钼	电感耦合等离子体质谱法
43	银	电感耦合等离子体质谱法、石墨炉原子吸收光谱法
44	铊	电感耦合等离子体质谱法
45	三氯甲烷	吹扫-捕集/气相色谱-质谱法、顶空/气相色谱-质谱法
46	四氯化碳	
47	苯	
48	甲苯	
49	二氯甲烷	
50	1,2-二氯乙烷	
51	1,1,1-三氯乙烷	
52	1,1,2-三氯乙烷	
53	1,2-二氯丙烷	
54	三溴甲烷	
55	氯乙烯	
56	1,1-二氯乙烯	
57	1,2-二氯乙烯	
58	三氯乙烯	
59	四氯乙烯	
60	氯苯	
61	邻二氯苯	
62	对二氯苯	
63	三氯苯（总量）	
64	乙苯	
65	二甲苯（总量）	
66	苯乙烯	
67	2,4-二硝基甲苯	气相色谱-电子捕获检测器法、气相色谱-质谱法
68	2,6-二硝基甲苯	

（续表）

序号	检测指标	推荐分析方法
69	萘	气相色谱-质谱法、高效液相色谱-荧光检测器-紫外检测器法
70	蒽	
71	荧蒽	
72	苯并[b]荧蒽	
73	苯并[a]芘	
74	多氯联苯（总量）	气相色谱-电子捕获检测器法、气相色谱-质谱法
75	邻苯二甲酸二（2-乙基己基）酯	气相色谱-电子捕获检测器法、气相色谱-质谱法、高效液相色谱-紫外检测器法
76	2,4,6-三氯酚	
77	五氯酚	
78	六六六（总量）	气相色谱-电子捕获检测器法、气相色谱-质谱法
79	γ-六六六（林丹）	
80	滴滴涕（总量）	气相色谱-电子捕获检测器法、气相色谱-质谱法
81	六氯苯	
82	七氯	
83	2,4-滴	
84	克百威	液相色谱-紫外检测器法、液相色谱-质谱法
85	涕灭威	
86	敌敌畏	气相色谱-氮磷检测器法、气相色谱-质谱法、液相色谱-质谱法
87	甲基对硫磷	
88	马拉硫磷	
89	乐果	
90	毒死蜱	
91	百菌清	气相色谱-电子捕获检测器法、气相色谱-质谱法、液相色谱-质谱法
92	莠去津	
93	草甘膦	液相色谱-紫外检测器法、液相色谱-质谱法

拓展提升

1. 当一种污染物有多种检测方法时，应如何选择？

2. 当某种污染物在国家标准及地方标准中都没找到对应的检测方法时，应如何确定该污染物的检测方法？

项目评价

本项目评价如表6-7所示。

表6-7 项目评价表

评分项	评分子项	评分细则	总分	评分	点评
检测项目选取（40分）	土壤检测	充分考虑检测目的和实际需求，确保所选项目能够满足检测要求	20分		
	地下水检测	所选项目能够全面、准确地反映地下水的质量状况，并满足特定的检测目的	20分		
地块类型及特征污染物（20分）	地块类型	根据土地使用情况，准确判断地块类型	10分		
	特征污染物	评估地块中特征污染物的种类和性质，如重金属、有机物、放射性物质等	10分		
典型污染物（10分）	典型污染物的类型、性质	评估地块中典型污染物的浓度水平，与相应的环境质量标准或污染阈值进行比较	10分		
检测方法选取（30分）	土壤检测方法	选取适合的土壤检测方法，确保检测结果的准确性和可靠性	15分		

（续表）

评分项	评分子项	评分细则	总分	评分	点评
检测方法选取（30分）	地下水检测方法	注意与土壤检测方法的异同，选取适合的地下水检测方法，确保检测结果的准确性和可靠性	15分		

实践活动

检测方法选取：镉（Cd）

一、实训目的

通过本次实训，使学生掌握土壤重金属镉检测的不同方法，理解各种方法的原理、优缺点及适用范围，学会根据土壤性质、检测要求及实验室条件选取合适的检测方法。

二、实训准备

（1）理论知识准备：提前学习重金属镉的性质、环境影响及检测的重要性。

（2）实验室准备：准备相关检测仪器与试剂，如原子吸收光谱仪、原子荧光光谱仪、电感耦合等离子体质谱仪等。

（3）样品准备：收集不同来源、性质的土壤样品，确保样品具有代表性。

三、实训内容及步骤

（一）镉的性质及其检测方法

（1）简述重金属镉的性质、来源及其对环境和生物的危害。

（2）介绍常用的土壤重金属镉检测方法，包括原子吸收光谱法、原子荧光光谱法、电感耦合等离子体质谱法等。

（二）实验操作与数据分析

1. 原子吸收光谱法（AAS）

原理：利用镉原子对特定波长光的吸收来测定镉含量。

操作：准备试剂，设置仪器参数，测定吸光度，计算镉含量。

数据分析：记录数据，分析方法的精密度、准确度及检测限。

表6-8　原始记录表（AAS）

样品编号	称样量/g	定容量/mL	吸光度A	Cd含量	Cd平均含量	相对偏差
1						
2						
3						

2. 原子荧光光谱法（AFS）

原理：利用镉原子在激发状态下发射的荧光来测定镉含量。

操作：处理样品，设置仪器，检测荧光信号，处理数据。

数据分析：记录数据，评估方法的灵敏度、线性范围及干扰情况。

表6-9　原始记录表（AFS）

样品编号	称样量/g	定容量/mL	测量值	Cd含量	Cd平均含量	相对偏差
1						
2						
3						

3. 电感耦合等离子体质谱法（ICP-MS）

原理：利用电感耦合等离子体将样品中的镉离子化，通过质谱仪测定其质荷比来测定镉含量。

操作：消解样品，调试仪器，分析质谱，处理数据。

数据分析：记录数据，评估方法的多元素分析能力、检测限及干扰情况。

表6-10 原始记录表（ICP-MS）

样品编号	称样量/g	定容量/mL	稀释倍数	测量值/cps	Cd含量	Cd平均含量	相对偏差
1							
2							
3							

（三）检测方法比较与选取

（1）根据实验数据，比较各种方法的精密度、准确度、检测限、操作难度及成本。

（2）结合土壤性质、检测要求及实验室条件，讨论并选取最合适的重金属镉检测方法。

四、实训报告撰写

（一）实验数据记录与分析报告

详细记录各种检测方法的实验数据，包括原始数据、处理后的数据及数据分析结果。

（二）方法比较与选取报告

根据实验数据，对各种检测方法进行比较，并给出在特定条件下最合适的重金属镉检测方法建议。

（三）实训总结报告

总结实训过程中的经验教训，提出改进建议，并对未来重金属镉检测工作提出展望。

项目7 质量控制与保证

 项目导读

土壤污染状况调查工作程序复杂，实施过程环节很多，从布点、采样到分析和评价，各个环节在具体落实时步骤烦琐且涉及的人员众多，因此土壤污染状况调查过程具有很大的不确定性，我们应当采取有效的质量控制与保证措施将不确定性控制在最低程度，使调查工作得到有效规范和控制。土壤污染状况调查阶段的质量控制与保证贯穿土壤污染状况调查的整个过程，其目的是为了保证调查中获取的数据具有代表性、客观性、准确性和完整性。

 学习目标

知识目标：

1. 掌握土壤污染状况调查全程序过程（布点、采样、样品制备、样品保存和样品分析）中的质量控制与保证的主要措施。

2. 掌握土壤污染状况调查过程中的质量跟踪方法和质量控制手段。

技能目标：

1. 分析土壤污染状况调查中的关键环节与质量控制措施，培养分析问题与解决问题的能力。

2. 根据设定的调查情景，能够制订有效的质量控制与保证实施方案。

3. 能够根据土壤污染状况调查项目实际情况，开展有针对性的质量控制与保证分析。

素质目标：

1. 理解全过程质量控制对土壤污染状况调查的重要性，培养学生严谨和认真的

态度。

2. 能够分析土壤污染状况调查中的不确定性,能够有针对性地提出质量控制措施,树立科学调查的意识和精神。

 启智增慧

为贯彻落实《中华人民共和国土壤污染防治法》,加强对建设用地土壤污染状况调查工作的监督管理,指导做好过程质量控制,推动提高调查工作质量,生态环境部在2022年7月8日制定印发了《建设用地土壤污染状况初步调查监督检查工作指南(试行)》和《建设用地土壤污染状况调查质量控制技术规定(试行)》。

任务 7.1 现场质量控制与保证

 任务导入

土壤样品采集环节产生的误差在整个土壤样品检测误差中占比最大,采样时操作不当会影响样品的代表性,使后续分析及评估工作受到很大影响,因此采样环节的质量控制工作非常重要。如果现场采样人员和质控人员不熟悉现场采样的步骤,缺乏规范化的采样知识和技能,进行现场质量控制工作时无法抓住重点环节,质控工作针对性不强,就会影响采集土壤样品的代表性。比如某地块在现场样品采集环节,出现了没有按照要求规范使用采样工具、未设置现场控制样品等现象。土壤样品的代表性关乎地块土壤污染状况评价的科学性与准确性,因此应当重视土壤污染状况调查现场质量控制。

2022年,江西省九江市生态环境局抽查《彭泽县56地块土壤污染状况第一阶段调查报告》就发现较严重的质量问题,其中关键的两项问题一是土壤样品未按规范要求

采集，二是样品保存、流转运输等质控过程描述不清楚，均可能影响调查结果。

2022年，广西壮族自治区生态环境厅《关于建设用地土壤污染状况调查报告（第一批）抽查审核结果的通报》中提到"存在样品质控环节不合规，存在质控措施不明确、质控样品数量不足、质控结论缺失"等问题。

> 思考：
> 1. 在现场采样的主要环节中有哪些行为可能影响采集样品的代表性、客观性和准确性？
> 2. 我们应该采取哪些措施加以控制呢？

一、点位布设和确认过程中的质量控制与保证

点位布设应考虑地块历史变革过程中所有的平面布置情况，应当以尽可能捕获污染为目的，根据第一阶段土壤污染状况调查识别出的疑似污染区域，选择可能存在较严重污染的区域进行布点，布点位置需明确，并给出合理理由。土壤和地下水点位布设的数量应满足初步采样分析阶段、详细采样分析阶段点位数量的要求。点位布设应尽量在靠近疑似污染源或地表有疑似污染痕迹的位置进行施工。现场应对照采样方案，检查布点位置以及选择的理由是否与现场情况一致。若现场钻探施工困难，比如存在钻机无法进入的情况，可考虑采用手工钻探或便携式钻探设备进行钻探，或者利用挖掘机，以充分保障点位的合理性、可靠性。现场确实存在无法克服的困难，需要调整点位时，应将点位调整至污染源或污染痕迹的下游且应保证调整偏移距离最短。

二、采样过程中的质量控制与保证

在样品的采集、保存、运输、交接等过程中均应建立完整的管理程序。为避免因采样设备及外部环境条件等因素而对样品产生影响，应注重现场采样过程中的质量控制与保证。

（一）采样过程规范操作，防止采样过程中的交叉污染

采样过程严格按照《建设用地土壤污染状况调查技术导则》（HJ 25.1）、《建设用地土壤污染风险管控和修复监测技术导则》（HJ 25.2—2019）、《地下水环境监测技术规范》（HJ/T 164—2020）、《土壤环境监测技术规范》（HJ/T 166—2020）、《地块土壤和地下水中挥发性有机物采样技术导则》（HJ 1019—2019）中的技术规范进行操作。例如采集挥发性有机污染物土壤样品使用非扰动采样器进行取样，采集重金属污染物土壤样品不能使用金属采样器，采集VOCs地下水样品时样品瓶不得存在顶空或气泡等。

应防止采样过程中的交叉污染。钻机采样过程中，在第一个钻孔开钻前要进行设备清洗；进行连续多次钻孔的钻探设备应进行清洗；同一钻机在不同深度采样时，应对钻探设备、取样装置进行清洗；与土壤接触的其他采样工具重复利用时也应清洗。一般情况下可用清水清洗，也可用待采土样或清洁土壤进行清洗。必要时或特殊情况下，可采用无磷去垢剂溶液、高压自来水、去离子水（蒸馏水）或10%硝酸进行清洗。采样过程中，采样人员不得有影响采样质量的行为，如使用化妆品，在采样时、样品分装时及样品密封现场吸烟等。测量、洗井、取样过程中，均佩戴一次性PE手套。

（二）现场记录质量控制

现场采样记录、现场监测记录使用表格规范记录相关信息，表格中应描述土壤或地下水特征、可疑物质或异常现象等，同时应保留现场相关影像记录，其内容、页码、编号要齐全，便于核查，如有改动应注明修改人及时间。

（三）现场质量控制样

采集现场质量控制样是现场采样和实验室质量控制的重要手段。质量控制样一般包括现场平行样、现场空白样、运输空白样、全程序空白样，质量控制样的分析数据可从采样到样品运输、贮存和数据分析等不同阶段反映数据质量。

现场平行样：现场平行样是从相同的点位收集并单独封装和分析的样品。在采样过程中，同种采样介质，如土壤、地下水等，应采集至少一个样品的平行样。现场平

行样应不少于现场采集样品数量的10%。对于土壤样品，应优先选择污染较重的样品作为平行样。当一次钻孔无法满足采集土壤平行样样品量的需求时，在邻近已完成钻探点50 cm范围内进行二次钻探取样，采集相同深度的土壤平行样品。

现场空白样：在采样现场以纯水作样品，按测定项目的采集方法和要求采集现场空白样品，与样品同等条件下装瓶、保存、运输和送交实验室分析，通过现场空白样检验，掌握采样过程中操作步骤和环境条件对样品质量影响的状况。

运输空白样：在采集土壤、地下水等样品用于分析挥发性有机物指标时，建议每次运输应采集至少一个运输空白样，即从实验室带到采样现场后，在采样过程中保持密封，又返回实验室的样品。运输空白样与运输过程有关，与分析无关，主要用于了解运输途中样品是否受到污染或损失。

全程序空白样：采样前将一份空白试剂水放入样品瓶中密封，将其带至采样现场，与采样的样品瓶同时开封和密封，在与样品相同的保存条件下运送回实验室，并按照与样品分析一致的分析步骤处理和实验。全程序空白样主要用于检查样品从采集到分析全过程是否受到污染。

三、样品保存与运输过程中的质量控制

（一）样品的保存

现场采集的样品装入由实验室提供的标准容器中后，对采样日期、采样地点、分析检测项目等进行记录，并在容器表面或容器盖上，分别用无二甲苯等挥发性化学品的记号笔进行标识或贴上打印好的标签，并确保拧紧容器盖。检测项目为VOCs的或散发恶臭的土壤样品应采用密封性的采样瓶封装并用封口膜密封瓶口，VOCs样品装瓶后应密封在塑料袋中，避免交叉污染。地下水样品应当根据检测目的、检测项目和检测方法的要求，参照《地下水环境监测技术规范》（HJ/T 164），在样品中加入保存剂。标识后的样品应立即存放在放有适量蓝冰的低温保存箱中，低温保存箱在使用前均须仔细检查，确保其无破损，且密封性较好。低温保存箱中的样品随后转移到冰箱中低温保存。冰箱保持恒温4 ℃，每天至少两次检查冰箱的工作状态并与现场记录核对样品。

（二）样品的流转

准备样品采集与送检联单，将封装好的样品箱在最短的时间内由指定的车辆或快递公司送往实验室，确保样品在满足相应检测项目测试周期要求的前提下安全到达。样品装运前须核对采样记录表、样品标签等，对于缺漏项和错误处，应及时予以补齐、修正，然后装运。样品运输过程中应保证保存条件满足全部送检样品的要求，避免发生损失、混淆或污染。样品送到实验室后，采样人员和实验室样品管理员双方同时清点核实样品，并在样品运送单或流转单上签字确认。

四、现场质量控制与保证具体要求

现场采样过程的质量控制与保证要求如表7-1所示。

表7-1 现场采样过程的质量控制与保证要求

主要环节	质控项目	质量控制与保证要求
土孔钻探	土孔钻探设备、深度、岩芯	①应当采用冲击钻探法或直压式钻探法等钻孔方式； ②钻孔深度应当与采样方案的要求一致，或按照采样方案中设置的钻探深度确定原则，根据实际情况确定； ③岩芯应当在整个钻探深度内保持基本完整、连续，可支撑土层性质、污染情况（颜色、气味、污染痕迹、油状物等）辨识及现场快速检测筛选
	交叉污染防控	①原则上使用无浆液钻进方式； ②原则上钻探过程中应当全程套管跟进，套管之间的螺纹连接处不应使用润滑油； ③所用的设备和材料应清洗除污
地下水监测井建设	监测井建设	滤水管位置、滤料层及止水层设置满足采样方案及相关技术规范的要求
	成井洗井	①地下水采样井建成至少24 h后（待井内的填料得到充分养护、稳定后），才能洗井； ②原则上应保证洗井出水至水清砂净，或现场水质参数测试结果稳定，或至少洗出3倍井体积的水量

（续表）

主要环节	质控项目	质量控制与保证要求
地下水监测井建设	交叉污染防控	①建井所用井管、滤料及止水材料应当不会对地下水水质造成污染； ②洗井前应当清洗洗井设备和管线； ③使用贝勒管时，一井配一管； ④井管连接方式满足要求，避免使用任何黏合剂或涂料
土壤样品采集与保存	采样深度	①与采样方案的设计一致，或按照采样方案中设置的采样深度确定原则，根据实际情况确定；下层土壤的采样深度应考虑污染物可能释放和迁移的深度（如地下管线和储槽埋深）、污染物性质、土壤的质地和孔隙度、地下水位和回填土等因素； ②每一深度样品，应当在通过颜色、气味、污染痕迹、油状物等现场辨识或现场快速检测筛选出的污染相对较重的位置进行取样
	VOCs样品采集	①应优先采集用于测定VOCs的土壤样品； ②VOCs污染、易分解有机物污染、恶臭污染土壤的采样应采用无扰动式的采样方法和工具，禁止对样品进行均质化处理，不得采集混合样； ③样品采集后应当置入加有甲醇保存剂的样品瓶中，并立即进行密封处理
	样品保存条件	①应根据污染物理化性质等，选用合适的容器保存土壤样品； ②检测项目为VOCs或恶臭的土壤样品应采用密封性的采样瓶封装； ③VOCs样品装瓶后应密封在塑料袋中，避免交叉污染； ④检测项目为汞或有机污染物的土壤样品应在4 ℃以下保存和运输
地下水样品采集与保存	采样前洗井时间	成井洗井结束至少24 h后方可进行采样前洗井和采样
	采样前洗井	①现场水质测试浊度小于或等于10 NTU时或者当浊度连续三次测定的变化在±10%以内、电导率连续三次测定的变化在±10%以内、pH连续三次测定的变化在±0.1以内；或洗井抽出水量在井内水体积的3~5倍时，可结束洗井。对于低渗透性地块难以完成洗井出水体积要求的，可按照《地块土壤和地下水中挥发性有机物采样技术导则》（HJ 1019—2019）中"低渗透性含水层采样方法"要求执行； ②需要采集VOCs样品的，采样前洗井不得使用反冲、气洗的方式
	交叉污染防控	①在采集不同监测井水样时需清洗采样设备； ②使用贝勒管时，一井配一管

（续表）

主要环节	质控项目	质量控制与保证要求
地下水样品采集与保存	VOCs样品采集	①应根据水文地质条件、井管尺寸、现场采样条件等，选择合适的采样方法，一般情况下，应优先选择低速采样方法； ②优先采集用于测定VOCs的地下水样品； ③控制出水流速，最高不超过0.5 L/min； ④样品瓶中不存在顶空或气泡
	样品保存条件	①根据检测目的和检测方法的要求，参照《地下水环境监测技术规范》（HJ/T 164）在样品中加入保存剂； ②避免日光照射，并置于4 ℃冷藏箱中保存
样品流转	样品流转	①样品保存时效应当满足相应检测项目的测试周期要求； ②样品保存条件（包括温度、气泡及保护剂等）应当满足全部送检样品要求； ③样品包装容器应当无破损，封装完好； ④样品包装容器标签应当完整、清晰、可辨识，标签上的样品编码应当与"样品运送单"完全一致； ⑤"样品运送单"与实际情况一致

 拓展提升

1. 土孔钻探、地下水监测井建设、土壤样品采集与保存、地下水样品采集与保存过程中防控交叉污染的主要措施有哪些？

2. 土壤污染状况调查现场采样过程中需要哪几类现场质量控制项目？其设立的主要作用是什么？

任务 7.2 实验室分析质量控制

某市生态环境局在开展《某地块土壤污染状况调查报告》评审前，组织专家对承担检测任务的检测机构进行了实验室现场检查，发现实验室质控流于形式，实验室加标回收量过高，其回收率不能反映土壤样品的数据质量；实验室使用有证标准物质，其浓度及基质与所分析的样品相差甚远，其分析结果不能代表同批次土壤样品的分析水平。为了确保检测数据的准确可靠，必须有一个质量控制过程，必须明确质量控制各阶段可能影响检测报告的各项因素，从而对这些因素采取相应的措施加以管理和控制，以保证监测数据的可信性。

> 思考：
> 1. 在土壤样品或地下水实验室分析阶段有哪些可能影响检测数据准确可靠性的因素呢？
> 2. 我们应该采取哪些措施加以控制呢？

一、实验室资质保证

为确保样品分析质量，所有土壤及地下水样品检测分析工作均应选择具有实验室认可证书（由中国合格评定国家认可委员会颁发）、ISO9001认证和计量资质认定证书（由中国国家市场监督管理总局颁发）等认证资质的实验室进行分析检测，分析检测项目应在检验检测机构资质认定范围内，检验检测机构能力应与其承担的任务量匹配。

检验检测机构应当在正式开展样品分析测试任务之前，参照《环境监测分析方法标准制订技术导则》（HJ 168—2020）的有关要求，完成对所选用分析方法的检出限、测定下限、精密度、正确度、线性范围等各项特性指标的验证，并形成相关质量记录。必要时，应编制实验室分析方法作业指导书。

二、样品制备的质量控制

在制备样品之前，应根据调查目的和实际需求对样品进行分类和分组。不同类别的样品可能需要进行不同的处理和分析，因此应明确区分。样品处理是样品制备的关键环节之一，包括样品风干、样品粗磨、样品细磨等步骤。在样品制备过程中，制样工作室要分设风干室和磨样室。在样品处理过程中，应保持样品的原始属性和特征，避免引入新的污染或杂质，应按照规定的操作规程和技术要求进行样品处理，确保处理结果的准确性和可靠性。样品分装和保存是样品制备的最后环节，也是确保样品质量的重要步骤。在样品分装过程中，应使用清洁、干燥的容器，可采用具塞磨口玻璃瓶、具塞无色聚乙烯塑料瓶或特制牛皮纸袋等，避免交叉污染或二次污染。同时，应根据样品的性质和检测要求选择适当的保存方式和条件，如冷藏、避光等，以确保样品在分析和测试期间的质量和稳定性。在制样过程中要将土壤标签与土壤始终放在一起，样品名称和编码始终不变，严禁混错；制样工具要严防交叉污染；分析挥发性、半挥发性有机物或可萃取有机物时，可直接用新鲜样按特定的方法进行检测。

三、实验室分析内部质量控制

实验室分析内部质量控制是实验室分析检测人员采取措施对分析质量进行的自我控制，通常有精密度控制、准确度控制以及检测过程中的干扰处理。

（一）空白试验

每批次样品分析时，应进行空白试验。分析测试方法有规定的，按其规定进行；分析测试方法无规定的，要求每批样品或每20个样品应至少做1次空白试验。

空白样品分析测试结果一般应低于方法检出限。若空白样品分析测试结果低于方法检出限，可忽略不计；若空白样品分析测试结果略高于方法检出限但比较稳定，可进行多次重复试验，计算空白样品分析测试结果平均值并从样品分析测试结果中扣除；若空白样品分析测试结果明显超过方法检出限，实验室应查找原因并采取适当的纠正和预防措施，并对样品重新进行分析测试。

（二）定量校准

1. 标准物质

分析仪器校准应首先选用有证标准物质。当没有有证标准物质时，也可用纯度较高（一般不低于98%）、性质稳定的化学试剂直接配制仪器校准用标准溶液。

2. 校准曲线

采用校准曲线法进行定量分析时，一般应至少使用5个浓度梯度的标准溶液（除空白外），覆盖被测样品的浓度范围，且最低点浓度应接近方法测定下限的水平。分析测试方法有规定的，按其规定进行；分析测试方法无规定的，校准曲线相关系数要求为$r>0.999$。

3. 仪器稳定性检查

连续进样分析时，每分析测试20个样品，应测定一次校准曲线中间浓度点，确认分析仪器校准曲线是否发生显著变化。分析测试方法有规定的，按其规定进行；分析测试方法无规定的，无机检测项目分析测试相对偏差应控制在10%以内，有机检测项目分析测试相对偏差应控制在20%以内，超过此范围时需要查明原因，重新绘制校准曲线，并重新分析测试该批次全部样品。

（三）精密度控制

在批次样品分析时，每个检测项目（除VOCs外）均须做平行双样分析。在每批次分析样品中，应随机抽取5%的样品进行平行双样分析；当批次样品数<20时，应至少随机抽取1个样品进行平行双样分析。平行双样分析一般应由本实验室质量管理人员将平行双样以密码编入分析样品中交检测人员进行分析测试。

若平行双样测定值（A，B）的相对偏差（RD）在允许范围内，则该平行双样的精密度控制为合格，否则为不合格。RD计算公式如下：

$$RD(\%) = \frac{|A-B|}{|A+B|} \times 100\% \qquad (7.1)$$

平行双样分析测试合格率按每批同类型样品中单个检测项目进行统计，计算公式如下：

$$合格率（\%）= \frac{合格样品数}{总分析样品数} \times 100\% \quad (7.2)$$

平行双样分析测试合格率应达到95%。当合格率小于95%时，应查明原因，采取适当的纠正和预防措施。除对不合格结果重新分析测试外，还应再增加5%～15%的平行双样分析比例，直至总合格率达到95%。

（四）准确度控制

1. 使用有证标准物质

当具备与被测土壤或地下水样品基体相同或类似的有证标准物质时，应在每批次样品分析时同步均匀插入与被测样品含量相当的有证标准物质样品进行分析测试。每批次同类型分析样品要求按样品数5%的比例插入标准物质样品；当批次分析样品数<20时，应至少插入1个标准物质样品。

将标准物质样品的分析测试结果（x）与标准物质认定值（或标准值）（μ）进行比较，计算相对误差（RE）。RE 计算公式如下：

$$RE（\%）= \frac{|x-\mu|}{\mu} \times 100\% \quad (7.3)$$

若RE在允许范围内，则对该标准物质样品分析测试的准确度控制为合格，否则为不合格。土壤和地下水标准物质样品中其他检测项目的RE允许范围可参照标准物质证书给定的扩展不确定度确定。有证标准物质样品分析测试合格率应达到100%。当出现不合格结果时，应查明其原因，采取适当的纠正和预防措施，并对该标准物质样品及与之关联的送检样品重新进行分析测试。

2. 加标回收率试验

当没有合适的土壤或地下水基体有证标准物质时，应采用基体加标回收率试验对准确度进行控制。每批次同类型分析样品中，应随机抽取5%的样品进行加标回收率试验；当批次分析样品数<20时，应至少随机抽取1个样品进行加标回收率试验。此外，在进行有机污染物样品分析时，最好能进行替代物加标回收率试验。

基体加标和替代物加标回收率试验应在样品前处理之前加标，加标样品与试样应在相同的前处理和分析条件下进行分析测试。加标量可视被测组分含量而定，含量高的可加入被测组分含量的0.5~1倍，含量低的可加2~3倍，但加标后被测组分的总量不得超出分析测试方法的测定上限。

若基体加标回收率在规定的允许范围内，则该加标回收率试验样品的准确度控制为合格，否则为不合格。基体加标回收率试验结果合格率应达到100%。当出现不合格结果时，应查明其原因，采取适当的纠正和预防措施，并对该批次样品重新进行分析测试。

四、分析测试数据记录与审核的质量控制

检测实验室应保证分析测试数据的完整性，确保全面、客观地反映分析测试结果，不得有选择性地舍弃数据，不得人为干预分析测试结果。检测人员应对原始数据和报告数据进行校核。对发现的可疑报告数据，应与样品分析测试原始记录进行校对。

分析测试原始记录应有检测人员和审核人员的签名。检测人员负责填写原始记录；审核人员应检查数据记录是否完整，抄写或录入计算机时是否有误，数据是否异常，并考虑分析方法、分析条件、数据的有效位数、数据计算和处理过程、法定计量单位和内部质量控制数据等是否正确。审核人员应对数据的准确性、逻辑性、可比性和合理性进行审核。

五、实验室内部质量评价

每个检测实验室在完成每项样品分析测试合同任务时，应对其最终报告呈现出的所有样品分析测试结果的可靠性和合理性进行全面、综合的质量评价，并提交质量评价总结报告。报告内容包括以下几点：

（1）承担的任务基本情况介绍；

（2）选用的分析测试方法；

（3）本实验室开展方法确认所获得的各项方法特性指标；

（4）样品分析测试精密度控制合格率（要求达到95%）；

（5）样品分析测试准确度控制合格率（要求达到100%）；

（6）为保证样品分析测试质量所采取的各项措施；

（7）总体质量评价。

1. 为什么在实验室分析中实施质量控制至关重要？

2. 实验室常用的质量控制方法有哪些？

项目评价

本项目评价如表7-2所示。

表7-2 项目评价表

评分项	评分子项	评分细则	总分	评分	点评
现场质量控制与保证（40分）	点位布设与确认质量控制	应当以尽可能捕获污染为目的，原则上应当在疑似污染区域污染最重的地方或有明显污染的部位布设，点位布设数量符合要求	5分		
	采样过程中的质量控制	采样过程规范操作,防止交叉污染	10分		
		现场采样记录表记录规范	5分		
		现场质量控制样品设置符合要求	10分		
	样品保存与运输过程中的质量控制	样品保存符合规范要求	5分		
		样品的流转符合要求	5分		

 土壤污染状况调查

（续表）

评分项	评分子项	评分细则	总分	评分	点评
实验室分析质量控制（60分）	实验室资质保证	分析检测项目应在检验检测机构资质认定范围内，检验检测机构能力与其承担的任务量匹配	10分		
	样品制备的质量控制	样品制备符合检测方法的要求	10分		
	实验室分析内部质量控制	空白试验	10分		
		定量校准	10分		
		精密度控制	10分		
		准确度控制	10分		

 实践活动

某地块土壤污染状况调查现场采样与实验室分析质量控制评价
（教师提供案例）

一、实训目的

通过本次实训，让学生进一步熟知并掌握土壤污染状况调查的基本流程和方法，了解现场采样和实验室分析的质量控制要求，提高土壤污染状况调查工作的准确性和可靠性。

二、实训内容

（一）土壤污染状况调查基本流程介绍

（1）调查目的与任务；

（2）调查范围与对象；

（3）调查方法与步骤。

（二）现场采样方法与质量控制

（1）采样点位的布设；

（2）采样工具与设备的准备；

（3）采样方法与操作规范；

（4）采样过程中的质量控制措施；

（5）样品保存与运输要求。

（三）实验室分析方法与质量控制

（1）实验室资质的要求；

（2）分析方法的选择与验证；

（3）实验室样品制备过程中的质量控制措施；

（4）实验室分析内部质量控制要求；

（5）分析数据记录与审核质量控制要求。

三、实训成果

编制形成《某地块土壤污染状况调查质量控制报告》。

编制大纲可参考如下格式：

---

1 前言

2 概述

2.1 调查地块基本情况

2.2 调查工作基本情况

2.3 质量控制与保证工作组织情况

2.3.1 质量管理组织体系

2.3.2 质量管理人员

2.3.3 质量控制与保证工作安排

3 内部质量控制与保证工作情况

3.1 采样分析工作计划

3.1.1 内部质量控制与保证工作内容

3.1.2 内部质量控制结果与评价

3.1.3 问题改正情况

3.2 现场采样

3.2.1 内部质量控制与保证工作内容

3.2.2 内部质量控制结果与评价

3.2.3 问题改正情况

3.3 实验室检测分析

3.3.1 内部质量控制与保证工作内容

3.3.2 内部质量控制结果与评价

3.3.3 问题改正情况

3.4 调查报告自查

3.4.1 自查内容、结果与评价

3.4.2 问题改正情况

4 外部质量控制与保证工作情况（开展外部质量控制的编写该章节内容）

4.1 外部质量控制与保证工作内容

4.2 外部质量控制结果与评价

4.3 问题改正情况

5 调查质量评估及结论

项目8　结果分析与结论建议

项目导读

结果分析与结论建议是初步采样分析这一阶段的重要环节，通过对检测数据结果的整理和分析，初步了解污染物种类、污染物分布和污染程度，为后续是否需要开展详细调查提供依据。本阶段的目标是评估实验室分析方法、实验室质量控制、检测数据的质量，从而确定数据的可用性，识别出潜在的问题。另外，需选择合适的评价方法和手段，结合检测结果，明确土壤和地下水受污染程度，分析污染成因。本项目将重点对初步采样分析阶段的结果进行深入分析，并提出相应的结论和建议。

学习目标

知识目标：
1. 了解结果分析的重要性和作用。
2. 熟悉异常点排查的技术和方法。
3. 掌握基本的数据分析方法和步骤。

技能目标：
1. 能够独立进行结果分析，从数据中提取有价值的信息。
2. 能够结合实际案例进行实践，并熟练掌握结果分析与异常点排查的技能。

素质目标：
1. 增强对结果和异常点的独立思考和判断能力。
2. 养成细心与耐心的品质，不因工作烦琐而草率处理。
3. 培养责任感与职业道德，能意识到数据准确性和完整性对项目和组织的重要性，恪守职业道德，不篡改或隐瞒异常数据。

土壤污染状况调查

启智增慧

2020年《河北省建设用地土壤污染风险筛选值》（DB13/T 5216—2020）、《江西省土壤环境质量　建设用地土壤污染风险管控标准（试行）》（DB 36/1282—2020）等省级风险管控标准相继出台并施行，在国家风险评估技术标准的基础上分别新增了78项和47项污染物筛选值，其中河北省在铅筛选值的计算方法中，参考《中国部分城市空气环境铅含量及分布研究》中河北省空气中铅浓度0.35 μg/m³的数据，选定《生活饮用水卫生标准》（GB 5749—2022）中铅浓度的60%，即6 μg/L为饮用水中铅含量默认值，为其他省市将风险评估参数本地化提供了借鉴。深圳市出台《建设用地土壤污染风险筛选值和管制值》（DB4403/T 67—2020），新增了铬、锌等68项污染物的筛选值和管制值，填补了国家标准中部分污染物指标的空白。环境监理规范方面，江苏省《建设用地土壤污染修复工程环境监理规范》（DB32/T 3943—2020）、《广东省建设用地土壤污染修复工程环境监理技术指南（试行）》等地方技术规范的出台，进一步规范了污染地块修复、环境监理的程序，细化了环境监理技术要求，对提高环境监理技术水平具有重要作用。

任务 8.1　结果分析与异常点排查

任务导入

土壤环境背景值，又称土壤本底值，它代表一定环境单元中的一个统计量的特征值。它主要指在未受或少受人类活动影响的土壤中元素的正常含量。在现代社会，由于人类活动的影响较大，纯粹的自然背景值较为少见，因此，土壤环境背景值通常还包括叠加受非点源输入影响的土壤中元素或化合物的含量水平。

土壤环境背景值的作用主要体现在以下几个方面：

（1）土壤环境质量评价的基础：土壤环境背景值是土壤环境质量评价，特别是土壤污染综合评价的基本依据。通过对比污染地区与背景地区的土壤元素含量，可以判断土壤是否受到污染，以及污染的程度。

（2）研究土壤环境容量的基础数据：土壤环境背景值有助于研究和确定土壤环境容量，即土壤对污染物的承受和净化能力。这对于评估土壤生态系统的健康状况以及制定合理的土地利用策略具有重要意义。

（3）研究污染元素在土壤中的化学行为：通过对比不同土壤类型的背景值，可以研究污染元素在土壤中的迁移、转化和归宿等化学行为，有助于深入理解土壤污染的过程和机制。

（4）土壤利用与规划的参考依据：在土壤利用及其规划中，土壤环境背景值也是重要的参考依据，有助于制定合理的土地利用和农业管理措施。

思考：

在对土壤污染状况调查数据进行评估时，是否需要考虑区域土壤环境背景值的影响？

一、结果分析

通过采样过程中了解的地下水埋深和流向、土壤特性和土壤厚度等情况，分析数据的代表性，分析数据的有效性和充分性，确定是否需要进行补充采样。根据地块内土壤和地下水样品检测结果，分析地块污染物种类、浓度水平和空间分布。

（一）数据处理

土壤和地下水检测数据的处理应参照《土壤环境监测技术规范》（HJ/T 166—2004）、《地下水环境监测技术规范》（HJ/T 166—2020）中的相关要求进行，采样、运输、储存、分析失误造成的离群数据应剔除。

（二）筛选值选取

1. 土壤污染风险筛选值

在地块调查过程中，土壤污染筛选值应首先采用《土壤环境质量　建设用地土壤污染风险管控标准（试行）》（GB 36600—2018）中对应规划用地类型的筛选值；针对该标准中未涉及的污染物指标，参考现行有效的国家和地方标准；现行有效的国家和地方标准未涉及的污染物指标，根据《建设用地土壤污染风险评估技术导则》（HJ 25.3—2019）进行推导；对于污染物指标的毒性参数缺失，无法利用该导则模型进行推导的，参考国内土壤背景值研究成果确定。土壤污染风险筛选值具体见表8-1和表8-2。

表8-1 土壤污染风险筛选值（基本项目）

序号	污染物	第一类用地筛选值/mg·kg^{-1}	第二类用地筛选值/mg·kg^{-1}
重金属和无机物			
1	砷	20[①]	60[①]
2	镉	20	65
3	铬（六价）	3.0	5.7
4	铜	2 000	18 000
5	铅	400	800
6	汞	8	38
7	镍	150	900
挥发性有机物			
8	四氯化碳	0.9	2.8
9	氯仿	0.3	0.9
10	氯甲烷	12	37
11	1,1-二氯乙烷	3	9
12	1,2二氯乙烷	0.52	5
13	1,1-二氯乙烯	12	66
14	顺-1,2-二氯乙烯	66	596
15	反-1,2-二氯乙烯	10	54
16	二氯甲烷	94	616
17	1,2-二氯丙烷	1	5
18	1,1,1,2-四氯乙烷	2.6	10

（续表）

序号	污染物	第一类用地筛选值 /mg·kg^{-1}	第二类用地筛选值 /mg·kg^{-1}
19	1,1,2.2-四氯乙烷	1.6	6.8
20	四氯乙烯	11	53
21	1,1,1-三氯乙烷	701	840
22	1,1,2-三氯乙烷	0.6	2.8
23	三氯乙烯	0.7	2.8
24	1,2,3-三氯丙烷	0.05	0.5
25	氯乙烯	0.12	0.43
26	苯	1	4
27	氯苯	68	270
28	1,2-二氯苯	560	560
29	1,4-二氯苯	5.6	20
30	乙苯	7.2	28
31	苯乙烯	1 290	1 290
32	甲苯	1 200	1 200
33	间二甲苯+对二甲苯	163	570
34	邻二甲苯	222	640
半挥发性有机物			
35	硝基苯	34	76
36	苯胺	92	260
37	2-氯酚	250	2 256
38	苯并[a]蒽	5.5	15
39	苯并[a]芘	0.55	1.5
40	苯并[b]荧蒽	5.5	15
41	苯并[k]荧蒽	55	151
42	䓛	490	1 293

（续表）

序号	污染物	第一类用地筛选值 /mg·kg^{-1}	第二类用地筛选值 /mg·kg^{-1}
43	二苯并[a,b]蒽	0.55	1.5
44	茚并[1,2,3-cd]芘	5.5	15
45	萘	25	70

注：具体地块土壤中污染物检测含量超过筛选值，但等于或者低于土壤环境背景值水平的，不纳入污染地块管理。土壤环境背景值可参见表8–3。

表8–2　土壤污染风险筛选值（其他项目）

序号	污染物	第一类用地筛选值 /mg·kg^{-1}	第二类用地筛选值 /mg·kg^{-1}
重金属和无机物			
1	锑	20	180
2	铍	15	29
3	钴	20[①]	70[①]
4	甲基汞	5	45
5	钒	165[①]	752
6	氰化物	22	135
挥发性有机物			
7	一溴二氯甲烷	0.29	1.2
8	溴仿	32	103
9	二溴氯甲烷	9.3	33
10	1,2-二溴乙烷	0.07	0.24
半挥发性有机物			
11	六氯环戊二烯	1.1	5.2
12	2,4-二硝基甲苯	1.8	5.2
13	2,4-二氯酚	117	843
14	2,4,6-三氯酚	39	137
15	2,4-二硝基酚	78	562

（续表）

序号	污染物	第一类用地筛选值/mg·kg⁻¹	第二类用地筛选值/mg·kg⁻¹
16	五氯酚	1.1	2.7
17	邻苯二甲酸二（2-乙基己基）酯	42	121
18	邻苯二甲酸丁基苄酯	312	900
19	邻苯二甲酸二正辛酯	390	2 812
20	3,3′-二氯联苯胺	1.3	3.6
有机农药类			
21	阿特拉津	2.6	7.4
22	氯丹	2	6.2
23	p,p′-滴滴滴	2.5	7.1
24	p,p′-滴滴伊	2	7
25	滴滴涕	2	6.7
26	敌敌畏	1.8	5
27	乐果	86	619
28	硫丹	234	1 687
29	七氯	0.13	0.37
30	α-六六六	0.09	0.3
31	β-六六六	0.32	0.92
32	γ-六六六	0.62	1.9
33	六氯苯	0.33	1
34	灭蚁灵	0.03	0.09
多氯联苯、多溴联苯和二噁英类			
35	多氯联苯（总量）[②]	0.14	0.38
36	3,3′,4,4′,5-五氯联苯（PCB 126）	4×10^{-5}	1×10^{-4}
37	3,3′,4,4′,5,5′-六氯联苯（PCB 169）	1×10^{-4}	4×10^{-4}
38	二噁英类（总毒性当量）	1×10^{-5}	4×10^{-5}
39	多溴联苯（总量）	0.02	0.06

（续表）

序号	污染物	第一类用地筛选值 /mg·kg^{-1}	第二类用地筛选值 /mg·kg^{-1}
石油烃类			
40	石油烃（$C_{10} \sim C_{40}$）	826	4 500

注：①具体地块土壤中污染物检测含量超过筛选值，但等于或者低于土壤环境背景值水平的，不纳入污染地块管理。土壤环境背景值可参见表8-3。

②多氯联苯（总量）为PCB 77、PCB 81、PCB 105、PCB 114、PCB 118、PCB 123、PCB 126、PCB 156、PCB 157、PCB 167、PCB 169、PCB 189十二种物质含量总和。

表8-3 砷、钴和钒的土壤环境背景值

元素	土壤类型	背景值/mg·kg^{-1}
砷	绵土、娄土、黑垆土、黑土、白浆土、黑钙土、潮土、绿洲土、砖红壤、褐土、灰褐土、暗棕壤、棕色针叶林土、灰色森林土、棕钙土、灰钙土、灰漠土、灰棕漠土、棕漠土、草甸土、磷质石灰土、紫色土、风沙土、碱土	20
	水稻土、红壤、黄壤、黄棕壤、棕壤、栗钙土、沼泽土、盐土、黑毡土、草毡土、巴嘎土、莎嘎土、高山漠土、寒漠土	40
	赤红壤、燥红土、石灰（岩）土	60
钴	白浆土、潮土、赤红壤、风沙土、高山土、寒土、黑垆土、黑土、灰钙土、灰色森林土、碱土、栗钙土、磷质石灰土、娄土、绵土、砂土、盐土、棕钙土	20
	暗棕壤、巴嘎土、草甸土、草毡土、褐土、黑钙土、黑毡土、红壤、黄壤、黄棕壤、灰褐土、灰漠土、灰棕漠土、绿洲土、水稻土、燥红土、沼泽土、紫色土、棕漠土、棕壤、棕色针叶林土	40
	石灰（岩）土、砖红壤	70
钒	磷质石灰土	10
	风沙土、灰钙土、灰漠土、棕漠土、娄土、黑垆土、灰色森林土、高山漠土、棕钙土、灰棕漠土、绿洲土、棕色针叶林土、栗钙土、灰褐土、沼泽土	100
	莎嘎土、黑土、绵土、黑钙土、草甸土、草毡土、盐土、潮土、暗棕壤、褐土、巴嘎土、黑毡土、白浆土、水稻土、紫色土、棕壤、寒漠土、黄棕壤、碱土燥红土、赤红壤	200
	红壤、黄壤、砖红壤、石灰（岩）土	300

2. 地下水污染风险筛选值

地下水污染风险筛选值根据地块所在区域的地下水功能选取。地下水污染羽涉及地下水饮用水源（在用、备用、应急、规划水源）补给径流区和保护区，采用《地下水质量标准》（GB/T 14848）中的Ⅲ类标准限值；地下水污染羽不涉及地下水饮用水源补给径流区和保护区，采用《地下水质量标准》中的Ⅳ类标准。《地下水质量标准》中没有的指标可依据《建设用地土壤污染风险评估技术导则》（HJ 25.3—2019）推导特定污染物的地下水污染风险筛选值。地下水质量标准限值见表8-4和表8-5。

表8-4 地下水质量常规指标及限值

序号	指标	Ⅰ类	Ⅱ类	Ⅲ类	Ⅳ类	Ⅴ类
感官性状及一般化学指标						
1	色（铂钴色度单位）	≤5	≤5	≤15	≤25	>25
2	嗅和味	无	无	无	无	有
3	浑浊度/NTU	≤3	≤3	≤3	≤10	>10
4	肉眼可见物	无	无	无	无	有
5	pH	$6.5 \leqslant pH \leqslant 8.5$			$5.5 \leqslant pH < 6.5$ 或 $8.5 < pH \leqslant 9$	$pH < 5.5$ 或 $pH > 9$
6	总硬度（以$CaCO_3$计）/$mg \cdot L^{-1}$	≤150	≤300	≤450	≤650	>650
7	溶解性总固体/$mg \cdot L^{-1}$	≤300	≤500	≤1 000	≤2 000	>2 000
8	硫酸盐/$mg \cdot L^{-1}$	≤50	≤150	≤250	≤350	>350
9	氯化物/$mg \cdot L^{-1}$	≤50	≤150	≤250	≤350	>350
10	铁/$mg \cdot L^{-1}$	≤0.1	≤0.2	≤0.3	≤2	>2
11	锰/$mg \cdot L^{-1}$	≤0.05	≤0.05	≤0.1	≤1.5	>1.5
12	铜/$mg \cdot L^{-1}$	≤0.01	≤0.05	≤1	≤1.5	>1.5
13	锌/$mg \cdot L^{-1}$	≤0.05	≤0.5	≤1	≤5	>5
14	铝/$mg \cdot L^{-1}$	≤0.01	≤0.05	≤0.2	≤0.5	>0.5
15	挥发性酚类（以苯酚计）/$mg \cdot L^{-1}$	≤0.001	≤0.001	≤0.002	≤0.01	>0.01
16	阴离子表面活性剂/$mg \cdot L^{-1}$	不得检出	≤0.1	≤0.3	≤0.3	>0.3

（续表）

序号	指标	I类	II类	III类	IV类	V类
17	耗氧量（CODMn法，以O_2计）/mg·L^{-1}	≤1	≤2	≤3	≤10	>10
18	氨氮（以N计）/mg·L^{-1}	≤0.02	≤0.1	≤0.5	≤1.5	>1.5
19	硫化物/mg·L^{-1}	≤0.005	≤0.01	≤0.02	≤0.1	>0.1
20	钠/mg·L^{-1}	≤100	≤150	≤200	≤400	>400
微生物指标						
21	总大肠菌群/（MPN/100mL）	≤3	≤3	≤3	≤100	>100
22	菌落总数/（CFU/mL）	≤100	≤100	≤100	≤1 000	>1 000
毒理学指标						
23	亚硝酸盐（以N计）/mg·L^{-1}	≤0.01	≤0.1	≤1	≤4.8	>4.8
24	硝酸盐（以N计）/mg·L^{-1}	≤2	≤5	≤20	≤30	>30
25	氰化物/mg·L^{-1}	≤0.001	≤0.01	≤0.05	≤0.1	>0.1
26	氟化物/mg·L^{-1}	≤1	≤1	≤1	≤2	>2
27	碘化物/mg·L^{-1}	≤0.04	≤0.04	≤0.08	≤0.5	>0.5
28	汞/mg·L^{-1}	≤0.0001	≤0.0001	≤0.001	≤0.002	>0.002
29	砷/mg·L^{-1}	≤0.001	≤0.001	≤0.01	≤0.05	>0.05
30	硒/mg·L^{-1}	≤0.01	≤0.01	≤0.01	≤0.1	>0.1
31	镉/mg·L^{-1}	≤0.0001	≤0.001	≤0.005	≤0.01	>0.01
32	铬（六价）/mg·L^{-1}	≤0.005	≤0.01	≤0.05	≤0.1	>0.1
33	铅/mg·L^{-1}	≤0.005	≤0.005	≤0.01	≤0.1	>0.1
34	三氯甲烷/μg·L^{-1}	≤0.5	≤6	≤60	≤300	>300
35	四氯化碳/μg·L^{-1}	≤0.5	≤0.5	≤2	≤50	>50
36	苯/μg·L^{-1}	≤0.5	≤1	≤10	≤120	>120
37	甲苯/μg·L^{-1}	≤0.5	≤140	≤700	≤1 400	>1 400
放射性指标						
38	总α放射性/Bq·L^{-1}	≤0.1	≤0.1	≤0.5	>0.5	>0.5
39	总β放射性/Bq·L^{-1}	≤0.1	≤1	≤1	>1	>1

表8-5 地下水质量非常规指标及限值

序号	指标	I类	II类	III类	IV类	V类
毒理学指标						
1	铍/mg·L^{-1}	≤0.0001	≤0.0001	≤0.002	≤0.06	>0.06
2	硼/mg·L^{-1}	≤0.02	≤0.1	≤0.5	≤2	>2
3	锑/mg·L^{-1}	≤0.0001	≤0.0005	≤0.005	≤0.01	>0.01
4	钡/mg·L^{-1}	≤0.01	≤0.1	≤0.7	≤4	>4
5	镍/mg·L^{-1}	≤0.002	≤0.002	≤0.02	≤0.1	>0.1
6	钴/mg·L^{-1}	≤0.005	≤0.005	≤0.05	≤0.1	>0.1
7	钼/mg·L^{-1}	≤0.001	≤0.01	≤0.07	≤0.15	>0.15
8	银/mg·L^{-1}	≤0.001	≤0.01	≤0.05	≤0.1	>0.1
9	铊/mg·L^{-1}	≤0.0001	≤0.0001	≤0.0001	≤0.001	>0.001
10	二氯甲烷/μg·L^{-1}	≤1	≤2	≤20	≤500	>500
11	1,2-二氯乙烷/μg·L^{-1}	≤0.5	≤3	≤30	≤40	>40
12	1,1,1-三氯乙烷/μg·L^{-1}	≤0.5	≤400	≤2 000	≤4 000	>4 000
13	1,1,2-三氯乙烷/μg·L^{-1}	≤0.5	≤0.5	≤5	≤60	>60
14	1,2-二氯丙烷/μg·L^{-1}	≤0.5	≤0.5	≤5	≤60	>60
15	三溴甲烷/μg·L^{-1}	≤0.5	≤10	≤100	≤800	>800
16	氯乙烯/μg·L^{-1}	≤0.5	≤0.5	≤5	≤90	>90
17	1,1-二氯乙烯/μg·L^{-1}	≤0.5	≤3	≤30	≤60	>60
18	1,2-二氯乙烯/μg·L^{-1}	≤0.5	≤5	≤50	≤60	>60
19	三氯乙烯/μg·L^{-1}	≤0.5	≤7	≤70	≤210	>210
20	四氯乙烯/μg·L^{-1}	≤0.5	≤4	≤40	≤300	>300
21	氯苯/μg·L^{-1}	≤0.5	≤60	≤300	≤600	>600
22	邻二氯苯/μg·L^{-1}	≤0.5	≤200	≤1 000	≤2 000	>2 000
23	对二氯苯/μg·L^{-1}	≤0.5	≤30	≤300	≤600	>600
24	三氯苯（总量）/μg·L^{-1}	≤0.5	≤4	≤20	≤180	>180
25	乙苯/μg·L^{-1}	≤0.5	≤30	≤300	≤600	>600
26	二甲苯（总量）/μg·L^{-1}	≤0.5	≤100	≤500	≤1 000	>1 000
27	苯乙烯/μg·L^{-1}	≤0.5	≤2	≤20	≤40	>40

（续表）

序号	指标	I类	II类	III类	IV类	V类
28	2,4-二硝基甲苯/μg·L^{-1}	≤0.1	≤0.5	≤5	≤60	>60
29	2,6-二硝基甲苯/μg·L^{-1}	≤0.1	≤0.5	≤5	≤30	>30
30	萘/μg·L^{-1}	≤1	≤10	≤100	≤600	>600
31	蒽/μg·L^{-1}	≤1	≤360	≤1 800	≤3 600	>3 600
32	荧蒽/μg·L^{-1}	≤1	≤50	≤240	≤480	>480
33	苯并（b）荧蒽/μg·L^{-1}	≤0.1	≤0.4	≤4	≤8	>8
34	苯并（a）芘/μg·L^{-1}	≤0.002	≤0.002	≤0.01	≤0.5	>0.5
35	多氯联苯（总量）/μg·L^{-1}	≤0.05	≤0.05	≤0.5	≤10	>10
36	邻苯二甲酸二（2-乙基己基）酯/μg·L^{-1}	≤3	≤3	≤8	≤300	>300
37	2,4,6-三氯酚/μg·L^{-1}	≤0.05	≤20	≤200	≤300	>300
38	五氯酚/μg·L^{-1}	≤0.05	≤0.9	≤9	≤18	>18
39	六六六（总量）/μg·L^{-1}	≤0.01	≤0.5	≤5	≤300	>300
40	γ-六六六（林丹）/μg·L^{-1}	≤0.01	≤0.2	≤2	≤150	>150
41	滴滴涕（总量）/μg·L^{-1}	≤0.01	≤0.1	≤1	≤2	>2
42	六氯苯/μg·L^{-1}	≤0.01	≤0.1	≤1	≤2	>2
43	七氯/μg·L^{-1}	≤0.01	≤0.04	≤0.4	≤0.8	>0.8
44	2,4-滴/μg·L^{-1}	≤0.1	≤6	≤30	≤150	>150
45	克百威/μg·L^{-1}	≤0.05	≤1.4	≤7	≤14	>14
46	涕灭威/μg·L^{-1}	≤0.05	≤0.6	≤3	≤30	>30
47	敌敌畏/μg·L^{-1}	≤0.05	≤0.1	≤1	≤2	>2
48	甲基对硫磷/μg·L^{-1}	≤0.05	≤4	≤20	≤40	>40
49	马拉硫磷/μg·L^{-1}	≤0.05	≤25	≤250	≤500	>500
50	乐果/μg·L^{-1}	≤0.05	≤16	≤80	≤160	>160
51	毒死蜱/μg·L^{-1}	≤0.05	≤6	≤30	≤60	>60
52	百菌清/μg·L^{-1}	≤0.05	≤1	≤10	≤150	>150
53	莠去津/μg·L^{-1}	≤0.05	≤0.4	≤2	≤600	>600
54	草甘膦/μg·L^{-1}	≤0.1	≤140	≤700	≤1 400	>1 400

3. 沉积物和地表水污染风险筛选值

底泥污染风险筛选值参照土壤污染风险筛选值，地表水污染风险筛选值参照《地表水环境质量标准》（GB 3838—2002）。

（三）环境质量评价

根据地块土壤和地下水采样点位的检测结果，选取合适的评价方法或手段，初步判断地块的污染类型和污染程度，为是否需要开展下一步的详细采样分析提供依据。

1. 土壤环境质量评价

土壤环境质量评价一般以单因子污染指数法为主，指数小表示污染轻，指数大则表示污染重，因此可以通过单因子污染指数对土壤环境质量进行评价，单因子污染指数计算方法如下：

$$P_i = \frac{c_i}{s_i} \tag{8.1}$$

式中，P_i 为监测因子污染指数，C_i 为监测因子含量实测值，S_i 为土壤环境质量筛选值。

2. 地下水环境质量评价

对地下水环境质量进行评价时，对重要的水质指标可作单因子评价，其原理是将评价指标的监测结果与《地下水质量标准》中对应的标准值进行比较，单因子评价指数计算方法如下：

$$W_i = \frac{C_i}{C_{0i}} \tag{8.2}$$

式中，W_i 为单因子评价指数，C_i 为地下水监测项目中某一项的实测浓度值，C_{0i} 为地下水环境质量标准中规定的各类水限值的上限。$W_i \leqslant 1$ 时，说明水质较好，监测指标未超标；$W_i > 1$ 时说明其已经超标。

二、异常点位排查

（一）异常点位排查判定条件

超标点位检测数据同时满足以下条件，可进行异常点位排查：

（1）超筛选值的污染物为非该地块特征污染物，或虽为特征污染物，但其浓度最大值不超过相应筛选值的2倍；

（2）孤立的点位（周边40 m范围内无超筛选值点位）；

（3）个别的点位（不超过3个或采样点总数的5%）；

（4）与周边其他点位污染物检测浓度存在较大差异；

（5）该点位周边已按照每个采样单元面积不大于400 m^2进行调查，且疑似异常污染物均未超过筛选值；

（6）地块范围内排除的土壤总量不大于75 m^3。

（二）异常点位排查判定方法

异常点位排查可采用下列方法之一排查。

（1）在疑似异常点位附近0.5 m及四个垂直轴向上5 m范围内共布设5个采样点，对疑似异常的超筛选值污染物进行监测。每个采样点位至少采集5个土壤样品，原则上应包含排查目标深度及其上、下各两层的土样，分层间隔为0.5 m。如检测结果显示各土壤样品均达标，则可认为该疑似异常点位对于本地块不具代表性，可予以排除。异常点位排查方式如图8-1所示。

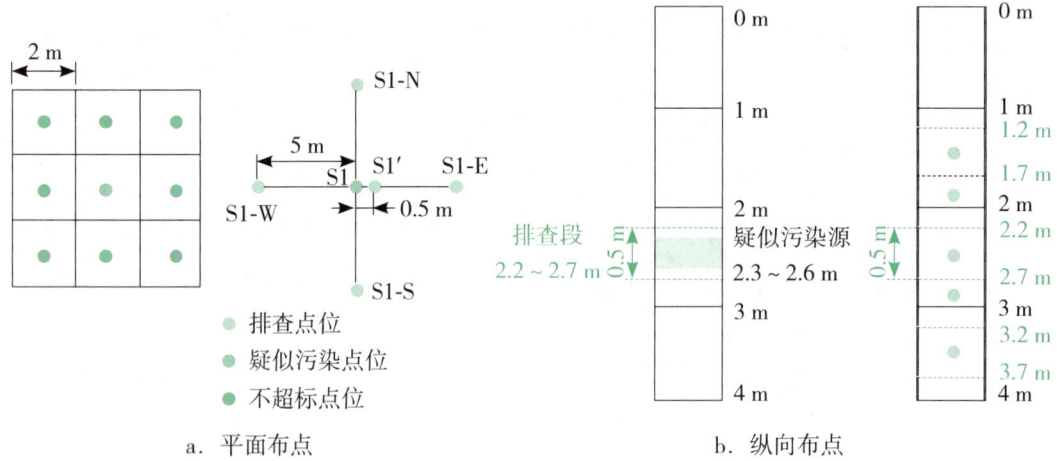

图8-1 异常点位排查图示

（2）在疑似异常点位周边不超标点位连线范围内开展异常点位排查，在疑似异常点位周边1 m范围内布设1个采样点位，其他点位使用系统布点法加密布设，对超筛选值的疑似异常污染物进行监测，采样深度分层间隔为0.5～1 m，每个采样点位至少采集5个土壤样品，样品总数不少于25个。通过对异常点位排查区域范围内的所有样品（含异常点位）进行统计分析，如样品均值的95%置信上限小于等于相应的筛选值，且排除的土壤量不大于25 m³（采用不超标点位连线法估算），则可认为该疑似异常点位对于本地块不具代表性，可予以排除。

> **拓展提升**
>
> 1. 如何向公众普及土壤污染风险筛选值的相关知识，以提高他们对土壤污染的认识和保护意识？
>
> 2. 土壤污染风险筛选值是如何确定的？有哪些影响因素？

任务 8.2 结论建议与不确定分析

任务导入

美国丹佛市的Redfield地块是世界上第一个被报道的大型蒸气入侵地块，美国环保署（USEPA）在1993—2003年对其进行过3轮土壤调查，钻取了150多个土孔，采集了数百个土壤样品。结果显示所有污染物的土壤浓度均未超标，然而在地下水中却发现了一个长达几千米的氯代烃污染羽。污染羽中的1,1-二氯乙烯和三氯乙烯通过挥发侵入了地表400多栋住宅，导致这些住宅室内空气污染浓度超过了人体健康标准。

> **思考：**
> 1. 在土壤污染状况调查结束时，应如何准确地评价调查地块的污染情况？
> 2. 初步采样分析过程中的不确定因素有哪些？

一、结论与建议

（一）结论

（1）结论中要明确土壤和地下水是否受到污染，污染物含量是否超过土壤污染风险管控标准，并分析污染成因。

（2）结论中要明确是否需要开展详细采样调查，并列明超过土壤污染风险管控标准的污染物及污染区域。

（3）当规划用途为第二类用地的地块存在达到第二类用地筛选值标准但超过第一类用地标准的具有一定风险的土壤，且未来再开发利用过程中可能对该部分土壤进行开挖外运，无法确认接收地规划用途时，地块初步调查结论需对该用地提出后续环境管理要求。

（二）建议

在后续地块开发利用时，应加强对地块的监督管理，杜绝新增外来污染，避免造成二次污染，故需对地块管理方提出以下几点建议。

（1）针对已调查地块后续开展的土地开发利用，建议按照相关文件要求，做好建设过程中的重点环保监管工作。

（2）在土地开发过程中，若发现土壤和地下水有污染的异常迹象，应及时通知当地生态环境部门进行现场查验。

（3）若地块后续开发过程中需要回填，则需要确保填土来源安全无污染，禁止将生活垃圾、建筑垃圾、淤泥以及其他固体废弃物等作为填土。

（4）若调查地块周边存在其他项目正在施工，则需地块管理方安排专人对地块进行管理，避免周边地块的建筑碎石、建筑垃圾等堆放在本地块内。

（5）若项目开发过程中需要对现有自然塘进行填埋，建议在填埋前对自然塘底泥进行清理，并进行无害化处理。

（6）建议相关单位建立完善的环境管理机构和制度，并严格执行。

二、不确定分析

受基础科学发展水平、时间及资料等限制，本阶段调查可能存在以下不确定性。

（1）采样过程中的不确定性：由于土壤是一种特殊介质，不同于水体污染和大气污染具有扩散较快的特点，土壤中的污染物迁移较慢，如不是长期的渗漏过程，很难产生面源污染。即使布点尽可能科学，小范围的点源污染也很可能在布点过程中被遗漏。

（2）调查过程中的不确定性：在调查过程中虽然尽可能地收集地块资料，尽可能多地了解地块情况，但也可能出现资料缺失，导致出现遗漏未经记录的土壤污染事件，地块调查过程中遗漏污染点等情况，这些情况可能对调查结果产生影响。

（3）分析过程中的不确定性：调查所得到的数据是根据有限数量的采样点获得的，虽然调查者力图客观地反映地块污染物分布情况，但受采样点数量、采样点位置、采样深度等因素的限制，分析得出的污染物分布实际情况可能会有所偏差。

针对上述情况，本阶段调查需要依据《建设用地土壤污染状况调查技术导则》（HJ 25.1—2019）等相关技术规范，在污染识别的基础上，尽可能均匀布点，做到既考虑环境效益，又兼顾经济效益，科学、合理地布点和设置采样深度，减少采样过程中的不确定性，使污染物可能的遗漏情况处于可接受范围，不会对调查结果产生重要影响。

拓展提升

1. 结合具体情境，提出初步采样分析阶段的改进措施和优化建议。

2. 说明不确定分析在初步采样分析阶段的作用。

项目评价

本项目评价如表8-6所示。

表8-6 项目评价表

评分项	评分子项	评分细则	总分	评分	点评
结果分析（30分）	实验室检测	评估实验室检测分析的质量、准确性和可靠性	10分		
	数据评估	评估实验数据的准确性、完整性及实验的可重复性	10分		
	采样结果	根据实验数据，分析初步采样结果，判断是否需要开展详细采样分析	10分		
异常点位排查（20分）	判断条件	根据异常点位排查的判定条件，判断是否存在异常点位	10分		
	判断方法	根据异常点位排查方法对采样点进行判定	10分		
结论与建议（30分）	结论	得出调查结论，并判断是否需要开展详细采样分析	20分		
	建议	根据调查结论，对整个项目提出合理建议	10分		
不确定分析（20分）	初步采样阶段不确定分析	针对地块调查的实际情况，列出项目开展过程中的不确定因素，为后续的决策提供有力支持	20分		

实践活动

用单因子污染指数法评价土壤污染质量

一、实训目的

通过本次实践活动，使学生掌握单因子污染指数法的基本原理和计算方法，并能够运用该方法评价土壤环境质量，培养分析和解决问题的能力。

二、实训内容

(1) 收集数据:收集某一地块土壤的监测数据,包括pH值、重金属、挥发性有机物、半挥发性有机物等指标。

(2) 数据处理:对原始数据进行整理、筛选和清洗,确保数据的准确性和完整性。

(3) 单因子污染指数计算:根据监测数据,计算各监测点的单因子污染指数。计算公式如下:

$$P_i = \frac{C_i}{C_{0i}} \tag{8.3}$$

其中,P_i为某污染因子的污染指数,C_i为某污染因子的实测浓度,C_{i0}为该污染因子的评价标准。

(4) 土壤环境质量分类与评价:根据单因子污染指数的计算结果,对土壤环境质量进行分类和评价。如果某一因子的污染指数超过1,则表示该因子的污染程度超过标准;如果污染指数小于1,则表示该因子的污染程度低于标准。

(5) 结果展示:将计算结果以表格或图表的形式展示出来,并进行简单的分析。

三、实训步骤

(一) 准备数据

从相关机构或权威渠道获取某一地块土壤的监测数据,也可以使用模拟数据进行实训。

表8-7 土壤理化性质记录表

编号	pH	Pb	Cd	Hg	甲苯	苯并[a]芘	其他污染物

（二）数据处理

使用SPSS或相关数据处理软件对数据进行整理和计算。

（三）单因子污染指数计算

使用上述计算公式，计算各监测点的单因子污染指数。

（四）土壤环境质量分类与评价

根据计算结果，对土壤环境质量进行分类和评价，可以采用表格或图表等形式展示结果。

表8-8　土壤环境质量评价结果记录表

污染物种类	测定浓度 /mg·kg^{-1}	评价标准 /mg·kg^{-1}	单项污染指数	污染等级
pH				
Pb				
Cd				
Hg				
甲苯				
苯并[a]芘				
其他污染物				

四、实训报告撰写

（一）完整的实验数据

包括各点位的土壤样品分析结果、单因子污染指数计算数据等。

（二）土壤污染质量评价表

根据实验数据，制作详细的土壤污染质量评价表，清晰地展示各点位的污染等级和主要污染物种类。

(三)污染来源分析报告

结合各点位的地理位置和土壤类型等信息,分析土壤污染的主要来源,制订有针对性的防治措施。

(四)土壤污染防治建议报告

针对评价结果,提出具体的土壤污染防治建议,包括加强环境监管、采取紧急治理措施、增加环境监测频次等。

项目9 第二阶段调查：详细采样分析

 项目导读

根据初步采样分析结果，如果污染物浓度均未超过《土壤环境质量　建设用地土壤污染风险管控标准（试行）》（GB 36600—2018）等国家和地方相关标准，清洁对照点浓度（有土壤环境背景的无机物）后，经过不确定性分析确认不需要进一步调查，则第二阶段土壤污染状况调查工作可以结束；否则认为可能存在环境风险，需进行详细调查。标准中没有涉及的污染物，可根据专业知识和经验综合判断。详细采样分析是在初步采样分析的基础上，进一步补充翔实的地块环境信息并开展采样和分析，确定土壤污染物的空间分布状况及其范围，分析污染物在该地块的迁移与归宿等，为风险评估、风险管控或者地块治理与修复等提供支撑。详细采样调查可分多个批次开展，实施过程中，应结合不断获取的地块污染状况和水文地质条件等信息，动态调整和优化详细调查方案。

 学习目标

知识目标：

1. 掌握土壤污染状况调查详细采样分析阶段的启动条件与主要工作程序。
2. 正确掌握初步采样分析与详细采样分析的异同点。
3. 学会土壤污染状况调查中相关图件（如点位布设图、污染范围图等）的绘制原理和其他基本技能。

技能目标：

1. 能够基于初步采样分析阶段调查结果的评估，确定切实可行的详细采样布点方案。

2. 能够综合初步调查和详细调查的检测数据，明确水文地质条件，确定土壤和地下水污染物种类、浓度和空间分布。

素质目标：

1. 培养学生严谨的科学态度和实践精神，鼓励学生在实践中发现问题、解决问题，培养创新意识和创新精神。

2. 激发学生的专业兴趣，增强土壤环境保护与地块安全利用意识。

3. 通过团队共同完成调查任务，培养学生的团队合作精神，提高沟通、组织和协调能力。

启智增慧

土壤是地球生态系统的关键组成部分，对维持生物多样性、食物安全和人类健康至关重要。然而，随着工业化和现代化的快速发展，土壤污染问题日益严重，特别是新污染物如抗生素及抗性基因、微塑料、纳米颗粒材料、全氟化合物和病原菌等的出现，给土壤生态系统带来了前所未有的挑战。部分新污染物的赋存特征与毒性机制如下：

（1）抗生素及抗性基因：抗生素在土壤中的残留可能导致微生物群落结构失衡，进而影响土壤生态系统的功能。抗性基因则可能通过水平基因转移在微生物间传播，增加病原菌的抗药性，对人类和其他动物的健康构成威胁。

（2）微塑料：微塑料在土壤中的赋存可能对土壤的物理性质、水分保持能力和微生物活性产生影响。其吸附的有毒有害物质还可能通过食物链进入人体，对人类和其他动物的健康造成潜在危害。

（3）纳米颗粒材料：纳米颗粒材料在土壤中的行为和归趋方式尚不明确，但其可能通过改变土壤理化性质和微生物活性影响土壤生态系统的功能。此外，纳米颗粒还可能通过皮肤接触或呼吸吸入等途径对人体健康产生影响。

（4）全氟化合物：全氟化合物是一类人工合成的有机氟化物，具有高度的稳定性和生物累积性。其在土壤中的残留可能对植物生长和微生物活性产生负面影响，同时可能通过食物链对人体健康产生潜在危害。

（5）病原菌：土壤中的病原菌可能导致植物病害和动物疾病的发生与传播，对人类健康和生态系统稳定构成威胁。

生态环境部、工业和信息化部等部门于2022年12月29日联合印发《重点管控新污染物清单（2023年版）》（以下简称《清单》），主要包括14类重点管控新污染物。《清单》中明确指出，对列入清单的新污染物，应当按照国家有关规定采取禁止、限制、限排等环境风险管控措施。

任务 9.1 详细采样分析工作计划

某焦化生产企业地块在初步采样调查阶段的土壤检测数据中有苯、萘等多种污染物超过地块规划一类用地的筛选值，主要污染区域为冷鼓工段、化产回收工段所在的煤气净化区域，仅依靠初步采样的数据难以准确把握调查地块的污染程度，也无法准确判定污染区域边界，按照土壤污染状况调查的工作程序，需要开展第二阶段的详细采样分析。

> 思考：
> 1. 详细采样分析阶段的启动条件是什么？
> 2. 详细采样分析阶段点位布设、检测项目、采样深度等有哪些要求？
> 3. 详细采样分析的主要目的是什么？

一、评估初步采样分析的结果

分析初步采样获取的地块基本信息，主要包括调查范围、地块规划用途、土壤类型、地块历史及变迁、水文地质条件、生产资料等信息，对地块的污染因子和重点区域进行核实，确定是否遗漏重点区域、特征污染物等。

分析初步采样时的布点采样方案，核实布点数量、布点位置等是否科学、合理。分析现场样品采集过程中土壤钻探、地下水监测井建设、采样深度、交叉污染防控、样品采集、样品保存与流转等方面是否符合相关规范要求。

分析现场和实验室检测数据等，重点关注筛选值选取、分析测试结果异常值处理、孤立样品超筛选值处理、多个样品测试结果接近筛选值分析等是否合理。核实土壤和地下水检测项目是否有遗漏，初步确定污染物种类、程度和空间分布。值得注意的是，如果地块边界附近土壤可能受到本地块污染，需确定地块地下水污染范围和地块周边存在环境敏感目标（如学校、居民区等）等情形，在详细采样分析阶段调查范围可根据实际情况扩大到地块边界以外。

评估初步采样分析的全过程质量控制与保证工作，确定初步采样分析过程中是否存在影响样品分析结果的因素并提出解决办法，在详细采样分析阶段统筹解决。

【示例9-1】

某地块在详细采样布点前对初步采样分析的结果进行评估。

前期调查过程中地块内部仅布设了2口地下水监测井，分别位于焦油罐区及煤场，而土壤超标点位有5个，分别位于粗苯工段、焦炉区、鼓风机房、硫铵工段、焦油罐区，地下水监测井及土壤超标点位分布见图9-1。

初步调查阶段结果显示粗苯工段、焦炉区、鼓风机房、硫铵工段、焦油罐区存在土壤超标点位，需重点关注；煤场北部的点位仅表层0～0.5 m处土壤苯并[a]芘超标，超标倍数0.63，需加密布点，进行污染情况确认。

由图9-1可知，地下水监测井点位布设存在明显缺陷。地块内部地下水监测井仅2口，焦油罐、硫铵工段、焦炉区及废水处理区属于重点区域，发生物料泄露导致地下水污染的风险较大，但以上四个区域均未布设地下水监测井。因此前期调查针对项目地块地下水环境质量的采样分析存在明显缺陷，在详细调查阶段需加强地下水环境质量的采样分析工作。同时通过水文地质勘查可知，项目地块在隔水层以上有两种地下水类型，潜水及微承压水，潜水存在于表层杂填土，微承压水赋存于粗砂层，详细调查过程中需进行组合井建设，以明确项目地块地下水污染的扩散情况。

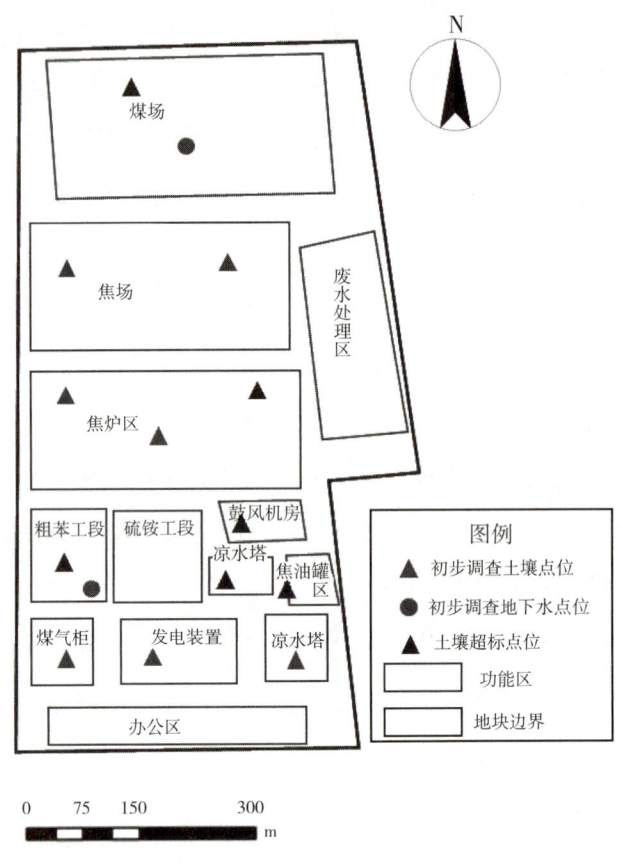

图9-1 初步调查点位布设与点位超标情况

二、制订采样、分析方案

基于初步采样分析结果的评估,制订详细采样分析阶段的采样方案,内容应至少包括采样点位布设、采样深度、检测项目等。

(一)采样点位布设

1. 土壤采样点位布设

详细采样阶段以系统布点法加专业判断为主,对于根据污染识别和初步调查筛选的疑似污染的区域,土壤采样点位数每400 m²(20 m×20 m)不少于1个,为了细化污染边界划分可根据需要进一步加密布点,比如按照10 m×10 m网格进行点位增设。其他区域每1 600 m²(40 m×40 m)布点不少于1个。

2. 地下水采样点位布设

地下水监测点位应沿地下水流向布设，可在地下水流向上游、地下水可能污染较严重区域和地下水流向下游分别布设监测点位。确定地下水污染程度和污染范围时，应参照详细监测阶段土壤的监测点位，根据实际情况确定，并在污染较重区域加密布点，地下水采样点位数每6 400 m^{2}不少于1个。

如果地块面积较大，地下水污染较重，且地下水较丰富，可在地块内地下水径流的上游和下游各增加1~2个监测井。

如果地块地下岩石层较浅，没有浅层地下水富集，则在径流的下游方向可能的地下蓄水处布设监测井。

若前期监测的浅层地下水污染非常严重，且存在深层地下水时，可在做好分层止水条件下增加一口深井至深层地下水，以调查深层地下水的污染情况。

（二）采样深度

1. 土壤样品采样深度

详细调查阶段土壤样品垂直采样深度和采样间隔应结合初步采样分析阶段的采样深度与检测结果来确定，采样深度要大于初步调查发现的污染超标深度且满足查清污染深度的要求，采样间隔原则上要小于初步采样分析阶段的采样间隔。如果采样过程中发现有疑似重质非水相液体污染，可根据现场情况增加采样深度。

2. 地下水样品采样深度

一般情况下采样深度应在监测井水面0.5 m以下。对于低密度非水溶性有机物污染，监测点位应设置在含水层顶部；对于高密度非水溶性有机物污染，监测点位应设置在含水层底部和不透水层顶部。

（三）检测项目

检测项目应包含初步调查确定的地块土壤和地下水的超标污染物和关注污染物。检测项目分析方法原则上与初步调查阶段的检测项目分析方法保持一致。

（四）样品采集与分析

与初步调查阶段采样分析的要求一致。

(五)质量控制与保证

与初步调查阶段的要求一致。

三、数据分析与评价

对初步调查和详细调查的样品检测数据进行准确的汇总整理,明确各类污染物是否超过相应用地类型的风险筛选值,确定土壤和地下水污染物种类、浓度和空间分布,并进行污染成因分析。当详细调查不能满足风险评估或划定地块污染范围的要求时,应进行补充采样,直至有足够数据划定污染范围为止。可根据实际情况分批次加密布点,一次性调查不满足要求的,应继续补充调查直至满足要求。

污染范围的确定可以利用ArcGIS、Surfer等软件进行插值分析,也可以通过超标点位周边未超标的点位来标注。在数据分析与评价阶段,应提供土壤和地下水检测结果分类汇总表(至少要包含污染物最大检出浓度、最小检出浓度、评价标准、是否超标等条目)、超标污染物污染范围图等资料,也可以通过作图和表格的方式来表述超标物的空间分布特征。

【示例9-2】

某地块土壤污染状况调查中土壤样品检测结果汇总如表9-1所示。

表9-1 土壤样品检测结果汇总分析表

序号	项目	单位	检出限	检测数	检出数	超标数	检出率	超标率	最小值	最大值	对照值(平均)	筛选值	是否超筛选值
重金属及无机物													
1	pH	/	/	179	179	/	100%	0%	5.84	10.73	7.83	/	--
2	砷	mg/kg	0.01	213	213	1	100%	0.47%	0.05	63.4	7.03	60	是
3	汞	mg/kg	0.002	179	179	0	100%	0%	0.002	1.78	0.037	38	否
4	六价铬	mg/kg	0.5	179	1	0	0.56%	0%	ND	1.6	ND	5.7	否
5	铅	mg/kg	2	243	243	5	100%	2.06%	7	4620	77	800	是
6	镍	mg/kg	1	179	179	0	100%	0%	4	155	25	900	否

（续表）

序号	项目	单位	检出限	检测数	检出数	超标数	检出率	超标率	最小值	最大值	对照值（平均）	筛选值	是否超筛选值
7	铜	mg/kg	2	179	179	0	100%	0%	5	175	21	18 000	否
8	镉	mg/kg	0.05	179	172	0	96.09%	0%	ND	9.45	0.84	65	否
9	总氰化物	mg/kg	0.01	73	7	0	9.59%	0%	ND	0.02	ND	135	否
VOCs													
10	四氯化碳	mg/kg	0.0013	154	0	0	0%	0%	ND	ND	ND	2.8	否
11	氯仿	mg/kg	0.0011	154	0	0	0%	0%	ND	ND	ND	0.9	否
12	氯甲烷	mg/kg	0.001	154	0	0	0%	0%	ND	ND	ND	37	否
13	1,1-二氯乙烷	mg/kg	0.0012	154	0	0	0%	0%	ND	ND	ND	9	否
14	1,2-二氯乙烷	mg/kg	0.0013	154	0	0	0%	0%	ND	ND	ND	5	否

注："ND"表示未检出。

四、结论与建议

调查结论应明确地块污染物种类、浓度和空间分布，并提出是否需要开展后续风险评估的建议。对于地块存在尚未清理完毕的危险废物、固体废物、建筑物等，若清运或拆除过程中发现新污染或产生二次污染，需对新发现的污染或二次污染区域开展补充调查。根据调查地块的项目特点，提出有针对性、科学、合理的相关建议。

【示例9-3】

某金属冶炼企业历史用地经详细采样分析后，调查的结论与建议如下：

1．结论

（1）地块基本情况

原×××有限公司地块面积97 000 m²，历史上曾从事金属冶炼。按照《××市××区的用地规划》，该地块未来规划作为工业用地，属于二类用地。

（2）土壤污染状况

调查地块土壤样品中铅、砷超过《土壤环境质量 建设用地土壤污染风险管控标准（试行）》中第二类用地筛选值。铅最大检出浓度为3 520 mg/kg，砷最大检出浓度为93.4 mg/kg，表面处理区域表层土壤（杂填土层）金属超标，超标深度范围为0~0.5 m，超标区域2个，面积总计约3 564 m²。

综上所述，需对调查地块中的铅、砷开展人体健康风险评估工作，确定污染物的风险水平，判断是否需要开展风险管控或治理修复，并明确土壤修复的范围。

（3）地下水污染状况

调查地块内部分地下水样品地下水常规指标总硬度、溶解性总固体氟化物超过了Ⅳ类标准，调查地块关注的特征污染物重金属等指标未检出或检出浓度低于Ⅳ类水标准。地块内所在区域地下水富水性差且地下水不作为饮用水，不需要启动地下水污染健康风险评估工作。

综上所述，该地块属于污染地块，需要尽快开展后续风险评估工作，判断是否需要开展风险管控或治理修复，并明确土壤修复的范围，尽快消除污染土壤对地块及周边带来的风险。

2．建议

（1）调查地块部分区域土壤已受到污染，应尽快对污染源采取管控或修复措施，避免污染物扩散，使该地块达到工业用地要求。同时建议业主对地块做好风险防范，对地块实行封闭管理，避免对人员健康产生影响，同时避免人员活动对地块造成进一步污染。

（2）调查地块在完成土壤污染风险评估和土壤修复前，禁止开工建设任何与风险管控、修复无关的项目。

（3）调查地块所在区域地下水化学组分含量较高，不宜作为饮用水。后续开发建设基坑降水、排水，需达到排水管网或其他受体水质标准要求。

（4）调查地块中除铅、砷外，其他污染物满足第二类用地要求，但有些污染物检出浓度明显高于对照土壤，未来土地用途或用地性质发生变更时，需要重新开展土壤污染状况调查。

> **拓展提升**
>
> 1. 如何综合评估初步采样分析的结果？
>
> 2. 详细采样分析阶段点位布设应遵循哪些原则才能最大限度减少空间异质性对结果的影响？
>
> 3. 详细采样分析后，土壤污染状况调查报告的结论部分应当明确哪些内容？

任务 9.2 详细采样分析与初步采样分析的异同

任务导入

某农药生产地块占地面积150 000 m^2，土壤调查单位在承担任务期间开展了两次采样分析，初步调查共布设了43个土壤点位及14个地下水监测井，送检167个土壤样品（含33个平行样），采集送检16个地下水样品（含2个平行样）；详细调查共布设了68个土壤点位，送检261个土壤样品（含17个平行样），布设9个地下水监测井，采集送检10个地下水样品（含1个平行样）。通过两次采样检测分析的结果，最终确定该地块为污染地块，并明确了污染范围。

对某焦炭厂疑似污染地块，土壤调查单位在承担任务期间只开展了初步采样分析，对地块运用分区布点法结合系统布点法，共布设土壤采样点10个、地下水监测井

5个，送检32个土壤样品和5个地下水样品。通过初步采样分析结束了调查工作，确定该地块不属于污染地块，符合用地规划的需要。

> 思考：
> 1. 为什么上述两个地块，一个地块开展了初步采样分析和详细采样分析，而另一个地块只开展了初步采样分析就结束了调查工作？
> 2. 详细采样分析与初步采样分析有何异同点？

一、详细采样分析与初步采样分析的相同点

（一）采样方法

两者都采用相同的采样方法来获取地块土壤的样品。初步采样分析和详细采样分析都需要在地块内进行土壤采样，收集具有代表性的土壤样本。

（二）分析目标

两者的分析目标都是为了评估地块土壤的污染状况。无论是初步采样分析还是详细采样分析，都需要对土壤中的污染物进行检测和分析，以确定土壤污染的程度和范围。

（三）数据解读与报告编写

初步采样分析和详细采样分析都需要对采集的数据进行解读，并编写相应的报告。报告中需要包括数据分析的结果、污染状况的评估以及可能的建议等。

（四）不确定性评估

在进行初步采样分析和详细采样分析时，都需要考虑数据的不确定性，需要对检测结果的不确定性进行评估，并考虑可能的影响因素，以确保分析结果的准确性和可靠性。

二、详细采样分析与初步采样分析的不同点

（一）目的

在初步采样分析阶段，主要目的是识别地块的特征污染物，找出潜在的重点污染区域，确定地块内土壤和地下水的污染状况，以及判断污染物是否超过对应规划用地类型的风险筛选值。初步采样分析阶段更注重整体性和宏观的判断，目标是确定是否需要进一步深入调查。

详细采样分析阶段则更注重具体性和细节，对土壤污染的各个方面进行深入探究。详细采样分析阶段的目标更为具体，旨在确定土壤污染物的空间分布状况及其范围，分析污染物在该地块的迁移与归宿等，为风险评估、风险管控或者地块治理与修复等提供支持。

（二）采样点布设要求和检测项目

初步采样分析阶段重点在于找出重点污染区域，点位布设数量少，检测项目覆盖范围广。而详细采样分析阶段则要求更加精准高效的布点和采样，尽可能通过初步采样分析的结果评估筛选识别出最合理的布点区域和采样点位，有针对性地进行布点采样，检测项目主要为超标污染物。

（三）数据分析

初步采样分析阶段主要关注污染物是否超过筛选值，数据表述方式可能较为简单，如表格或图表，主要用于快速展示初步调查结果。而详细采样分析阶段则需要对污染物的具体类型、分布、浓度等进行详细的分析，分析报告的数据表述方式更为多样和复杂，可能包括各种统计图表、地图、专业分析图等，以全面展示土壤污染状况和分布情况。

（四）调查结论

初步采样分析的结论通常是概略和宏观的。由于初步采样分析的目的是快速判断地块是否存在显著的污染问题，其结论可能仅涉及地块整体污染状况的初步判断，以

土壤污染状况调查

及是否需要进行进一步的详细调查。详细采样分析的结论则更为深入和具体，能够提供土壤污染的具体情况，如污染物的类型、空间分布、浓度以及可能的污染源等详细信息。

初步采样分析和详细采样分析比对详见表9-2。

表9-2 初步采样分析和详细采样分析比对一览表

调查阶段	目的	布点方法		布点密度		检测项目	
		土壤	地下水	土壤	地下水	土壤	地下水
初步采样分析	判断是否超标	分区布点法，随机布点法，专业判断布点法，系统布点法	专业判断布点法	面积≤5 000 m² 不少于3个；面积>5 000 m²不少于6个	不少于3个，呈三角或四边形布置	基本45项和特征污染物	《地下水质量标准》中除放射性和微生物指标外的35项和特征项/仅特征项
详细采样分析	划定污染范围	系统加密布点法，专业判断布点法	系统和专业判断布点法	超标区域20 m×20 m；其他区域40 m×40 m	不少于80 m×80 m	超标污染物和关注污染物	超标污染物和关注污染物

拓展提升

土壤污染状况详细采样分析与初步采样分析主要的异同点有哪些？

项目评价

本项目评价如表9-3所示。

表9-3 项目评价表

评分项	评分子项	评分细则	总分	评分	点评
评估初步采样分析的结果（10分）	评估初步分析阶段点位布设、采样过程、检测结果、质量控制等全程序信息	能够准确科学评估初步采样分析阶段的信息，明确存在的问题与解决途径	10分		
制订采样、分析方案（35分）	土壤和地下水采样点位布设	采样点位布设符合要求；采样深度符合要求	20分		
			10分		
	检测项目的确定	检测项目准确、全面	5分		
数据分析与评价（45分）	样品检测报告和数据	报告和数据准确、翔实	10分		
	检测数据汇整和分析	数据汇整、分析和表征科学合理，包含污染源解析	15分		
	评价指标确定	评价指标合理	5分		
	污染范围和深度划定	污染范围和深度的划定方法符合相关要求	15分		
结论与建议（10分）	结论与建议	调查结论明确、可信，并结合地块实际情况给出合理化建议	10分		

实践活动

某污染地块详细采样分析的采样、分析方案制订

一、实训目的

通过实践活动，使学生掌握详细采样分析阶段的主要工作内容，通过准确的初步采样分析评估，根据地块实际情况制订科学合理的采样、分析方案。

二、实训背景

某农药生产地块调查范围为120 000 m²，规划为住宅用地，初步调查布设了10个土

壤采样点位，2个地下水采样点位，调查结果显示土壤中苯、萘等有机物超过一类用地风险筛选值。

三、实训操作步骤

（1）分析初步采样分析阶段获取的地块的基本信息，对地块的污染因子和重点区域进行核实。

（2）分析初步采样分析阶段的布点采样方案。

（3）分析初步采样分析全过程是否符合相关规范要求。

（4）分析现场和实验室检测数据等。

（5）评估初步采样分析全过程质量控制与保证。

（6）确定采样点位的布设和采样深度。

（7）确定检测项目与分析方法。

四、实训总结

以实践活动形式进一步巩固学生前期初步采样分析的相关知识，同时将详细采样分析阶段的重点工作付诸实践，增强学生运用知识解决实际问题的能力。

项目10　第三阶段调查：参数调查

 项目导读

第三阶段土壤污染状况调查以补充采样和测试为主，目的是获得满足风险评估及土壤、地下水修复所需的参数。本阶段的调查工作可单独进行，也可在第二阶段调查过程中同时开展。

地块特征参数调查是识别土壤污染的关键。土壤本身具有复杂性，土壤污染具有隐蔽性，因此精准圈定污染范围是建立在对土壤特征精细研究基础上的。研究土壤的矿物组成及其特性为后续风险管控和修复治理提供基础信息，也是土壤污染状况调查精细研究中的一项重要内容。

受体暴露参数调查是评估土壤污染对人类和生态系统健康影响的重要环节。通过了解人群在地块的活动频率、活动方式、暴露途径等，可以评估土壤污染物对人体健康的潜在风险，为制定相应的风险管理措施提供依据。

地块特征参数与受体暴露参数调查在土壤污染状况调查中具有重要意义，它们为评估土壤污染状况、预测污染物迁移转化、制订修复治理方案等提供了重要基础数据和科学依据。

 学习目标

知识目标：
1. 掌握地块特征参数的主要获取方法与技术。
2. 理解常见地块特征参数的概念与意义。
3. 理解常见受体暴露参数的概念与意义。

土壤污染状况调查

技能目标：

1. 能够根据地块特征和受体暴露参数的调查需求，制订合理的采样计划，并准确、高效地采集相关数据。

2. 能够运用适当的统计分析方法，对收集到的地块特征参数和受体暴露参数数据进行处理和分析，并提取有意义的信息。

素质目标：

1. 锻炼学生的思维能力，培养勇于创新的精神。

2. 培养团队协作精神，使学生能够与他人良好沟通和协作，共同完成任务和目标。

3. 能够关注最新动态和研究成果，不断提升自己的专业知识和技能。

启智增慧

随着全球环境问题日益严峻，环境监测和管理工作的重要性日益凸显。遥感技术由于其独特的视角和无损的特性，在环境监测中被广泛应用。环境遥感技术是一种基于多种传感器技术和遥感数据分析技术的新型技术手段，具有高效、快捷的优势。

遥感技术可以及时反映土壤受污染后的理化性质及生态状况。北美联邦农大通过遥感技术检测了美国西南部受石油污染后的土壤理化性质及水力特性变化，更新了国际环境监测数据，为土壤石油污染的治理奠定了牢靠的基础，对世界环境保护做出了卓越贡献。有学者曾对国防场地进行了监测，发现场地会受到爆炸物的污染，这些爆炸物在制造、射击、测试和训练行动、装载、组装和包装活动以及非军事化行动中释放有害成分。爆炸性化学品在性质上是危险的，爆炸物对土壤和地下水的污染使人畜健康和生态系统受到严重威胁。人们要通过研究推进生物修复技术在土壤方面的应用，并在遥感技术的基础上发展相关监测仪器，提高对爆炸污染物的监测能力。未来，这将有助于选择合适的监测工具来评估生物修复效果。

遥感技术在土壤污染修复方面的应用卓有成效。在土壤重金属污染修复方面，遥感技术的应用提高了土壤重金属污染修复效率，减少了土壤修复过程中的工作量，实时反映土壤生态状况，有利于研究人员及时改变治理方式。有研究者在对铅污染土壤

项目10 第三阶段调查：参数调查

的修复过程中采用遥感技术，根据土壤生态状况及时调整治理药剂用量，有效节省了治理成本。罗马萨皮恩扎大学对电动力学土壤修复过程进行延时监测，改善了电动力学在土壤修复方面的应用方法，为土壤重金属污染的治理增加了解决途径，推进了土壤修复领域和电动力学领域的研究。

任务 10.1 地块特征参数调查

 任务导入

某皮革厂地块在初步采样分析阶段和详细采样分析阶段确认地块土壤和地下水中六价铬超标，但前期资料收集过程中并没有收集到地块的地质勘查相关资料，地块的水文地质情况不明确。为满足后续风险评估的数据要求，应如何开展下一步的工作？

思考：

如何开展第三阶段地块特征参数和受体暴露参数的调查？

一、主要获取途径

地块特征参数的获取途径主要包括实地勘查、遥感技术、水文地质勘查等。

实地勘查是通过观察和收集地块表面的信息，了解地块的地形地貌、土壤类型、植被覆盖等情况。这种方法需要实地走访，对地块进行直接的观察和测量，可以获得较为准确的第一手资料。

遥感技术是利用卫星或航空器获取地块影像数据，通过解译遥感影像来判断地块的地形地貌、植被覆盖、土地利用等情况。这种方法高效、快捷，可以大大提高调查

的效率。

水文地质勘查是通过钻探、取样、分析等方法，了解地块地下水文地质条件，如地下水位、含水层分布、岩性结构等。这种方法需要专业的水文地质人员进行操作，可以获取较为详细的水文地质资料。

此外，还可以通过查阅文献资料、访问当地居民等方式获取地块特征参数的相关信息。在实际操作中，应根据调查的目的和要求选择合适的方法，并结合多种手段进行综合分析，以确保获取参数的准确性和可靠性。

二、水文地质调查

第一阶段土壤污染状况调查已经获得地块或周边区域水文地质相关资料且根据专业经验判断满足调查工作需要的，可选择不开展地块水文地质调查。未收集到地块及周边水文地质资料或资料不满足调查工作需要的，应按照《岩土工程勘察规范》（GB 50021）开展水文地质勘查，勘查报告作为调查工作成果附件。应结合风险评估的数据需求，开展与地块特征参数相关的水文地质调查和气候信息调查等。

为了获取准确的数据和信息，水文地质调查原则上应在地块内均匀布设不少于3个水文地质勘探点。因为地势的变化可能会对地下水流的方向和速度产生影响，进而影响污染物的迁移和扩散，所以对于地势特点差异大的地块，适当加密布点是非常必要的。通过加密布点，可以更准确地掌握地下水流的情况，为后续的污染风险评估和治理提供更可靠的数据支持。

此外，水文地质勘查可与地下水监测井建井统筹考虑，按照地下水采样点位，结合环境物探、勘查基本确定调查区水文地质条件，如包气带、含水岩组的岩性结构、厚度与分布、边界条件，基本摸清调查地块周边地下水补径排条件。

在水文地质调查中，还需要注意以下几点：

（1）充分收集地块的相关资料，如地质图、地形图、地下管线图等，以便更好地了解地块的地质背景和水文条件。

（2）结合地块的特点和调查需求，选择合适的勘探方法和设备，以确保勘探结果的准确性和可靠性。

（3）对于具有特殊水文地质条件的地块，需要进行针对性的调查和勘探，如含水层分布、地下水位变化等。

（4）及时整理、分析调查和勘探结果，以便为后续的环境评估和治理提供有力的支持。

总之，在水文地质调查中，合理布设勘探点是获取准确数据的基础。通过与地下水监测井的统筹考虑，可以更全面地了解地块内的水文地质条件，为土壤风险评估和修复阶段提供重要依据。

三、常见地块特征参数获取的方法与技术

地块特征参数是描述地块自身属性的参数，用于评估地块的环境质量和潜在污染风险。在土壤污染状况调查的风险评估阶段常用到的地块参数包括土壤含水率、土壤有机质含量、土壤颗粒密度等，常见地块特征参数概念与意义详见表10-1。这些参数有助于预测污染物在土壤、地下水和大气间的迁移转化，为制定有针对性的土壤和地下水污染防治措施提供科学依据。

表10-1 常见地块特征参数概念与意义

序号	参数名称	概念	意义
1	土壤含水率	土壤中所含水分的数量	影响土壤的结构和物理性质，如土壤的松散度、透气性和持水能力等；影响污染物的迁移转化
2	土壤容重	单位体积的土壤重量	用于衡量土壤的紧密程度，影响污染物的迁移扩散
4	有机质含量	土壤中有机物的含量	影响土壤的肥力和结构，可以反映土壤对污染物的吸附能力和净化能力
4	土壤颗粒密度	单位体积土壤（不含孔隙）的烘干重量	反映土壤的紧实程度、通气性、保水能力和养分状况
5	孔隙比、孔隙率	分别表示土壤中孔隙与土颗粒的比例和孔隙在整个土体中的比例	影响土壤的透水性和强度

（续表）

序号	参数名称	概念	意义
6	实验室垂直和水平渗透系数	表示土壤在水力作用下的透水性能	垂直渗透系数描述的是水在土壤或岩石表面向下渗透的能力，而水平渗透系数描述的是水在土壤中水平运动的能力
7	粒径分布	土壤中不同粒径颗粒的分布情况	影响土壤渗透性能、土壤肥力以及土壤的结构和稳定性
8	土壤pH	反映了土壤的酸碱度	对土壤微生物的活性、养分的转化和有效性以及污染物的迁移性都有影响

在环境监测和土地污染治理过程中，地块特征参数的测量和评估是一项基础且重要的工作。在获取地块特征参数的过程中，可以采用如下几种技术和方法。

（一）土工试验

土工试验是对土壤进行的一系列试验，以测定土壤的物理、化学性质。这些试验可以帮助调查人员了解土壤的工程性质，为地基设计、土方工程和土壤改良等提供依据。测试指标包括土壤含水率、土壤容重、有机质含量、土壤颗粒密度、孔隙比、孔隙率、实验室垂直和水平渗透系数以及粒径分布等参数，具体要求应符合《岩土工程勘察规范》的相关规定。

（二）现场水文地质参数测试

这些测试包括抽水试验和微水试验等，目的是确定地下水流速、渗透系数等水文地质参数。这些参数对于评估地块的水文地质条件、预测地下水运动趋势和制定相应的治理措施具有重要意义。这些测试的具体要求应符合《岩土工程勘察规范》的相关规定。

（三）动力触探、连续渗透性测试

这些技术用于进一步调查地块内的重点污染区域，特别是厘米至米级分辨率的地层结构与水文地质条件。通过这些测试，可以更深入地了解地块内部的土壤和地下水状况，为污染治理和风险评估提供更准确的数据。

（四）关注污染物浸出测试

对于易在降雨淋溶作用下发生垂向迁移造成地下水污染的地块，如六价铬污染地块等，应进行关注污染物的浸出测试。这些测试可以评估降雨条件下地块中污染物的迁移趋势和潜在的环境风险，为制定相应的治理措施提供依据。具体方法可以按照《固体废物 浸出毒性浸出方法 硫酸硝酸法》（HJ/T 299—2007）等进行。

（五）地块（所在地）气候、环境空气信息

这些信息包括地表年平均风速、水力传导系数、PM_{10} 等，可以反映地块所在地区的气候和环境状况，对于评估地块的环境质量和潜在污染风险具有参考意义。这些数据可以通过气象站、环境监测站等途径获取。

通过以上多种技术和方法的综合应用，可以全面了解地块的地质、水文地质和环境状况，为地块的环境评估和治理提供可靠的依据。同时，在进行实地勘查前应充分收集和整理地块的相关资料，以减少现场勘查的工作量并提高效率。

四、主要成果要求

在此阶段应当明确调查地块水文地质条件，包括水文地质概况、地下水条件及地下水流场、地块的土层情况等，应当提供调查范围内典型的地质剖面图、钻孔柱状图以及地下水流场图等图件。

【示例10-1】

某地块水文地质剖面图和钻孔柱状图如图10-1和图10-2所示。

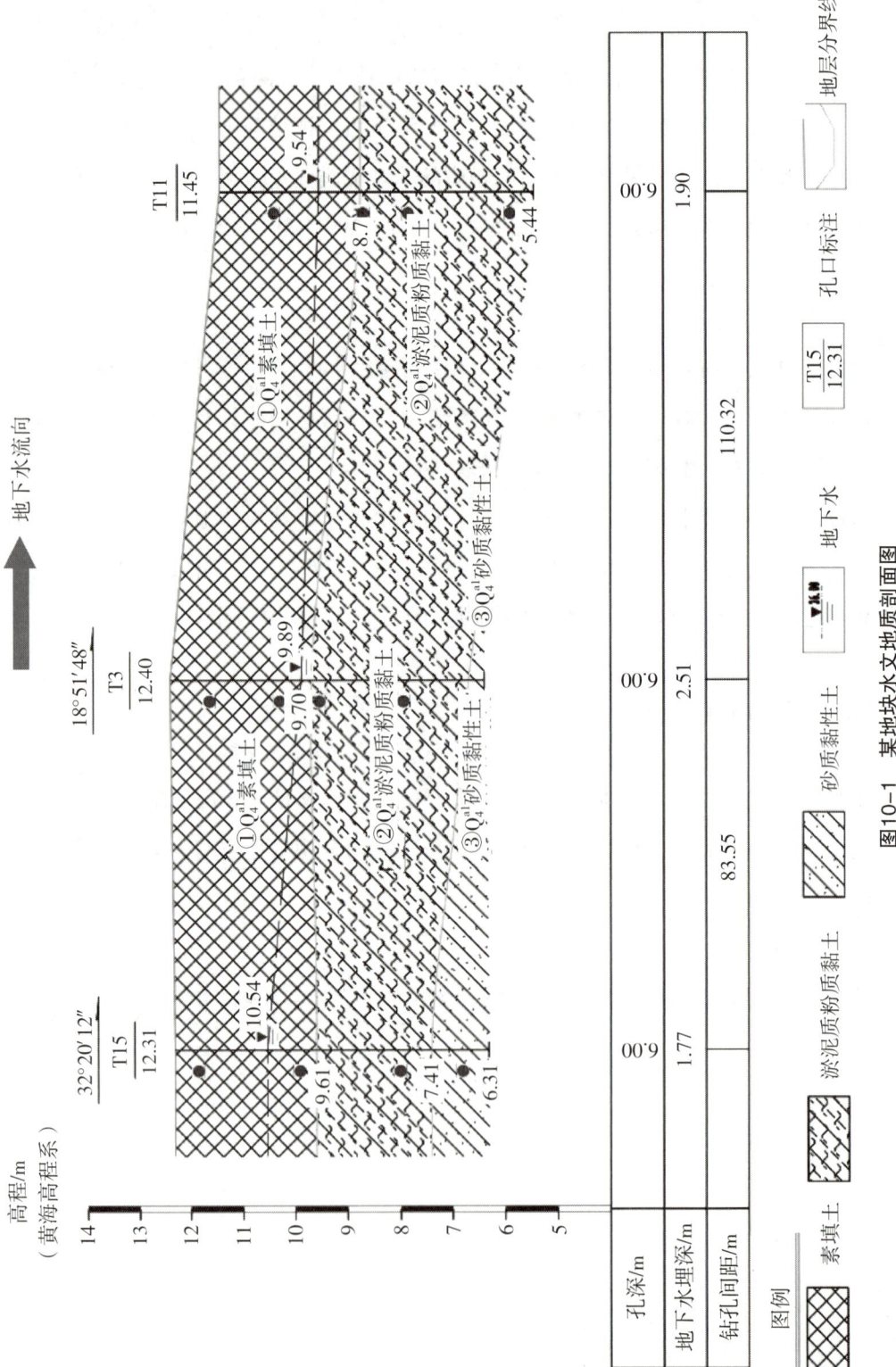

图10-1 某地块水文地质剖面图

钻 孔 柱 状 图

工程名称	××地块土壤污染状况调查						工程编号	2022-001
点位名称	T1	坐标	Y=38××062.822 m		钻孔直径	73 m	稳定水位深度	496 mm
孔口标高	11.33 m		X=43××31.757 m		初见水位深度		测量日期	

地质时代	层号	层底标高 /m	层底深度 /m	分层厚度 /m	柱状图 1:100	地层描述	取样编号 深度/m	标贯实测击数（击） 深度/m
Q_4^{ml}						素填土：黄褐色，松散，稍湿，以黏性土、砂土为主	T1-1 0.30-0.50	
Q_4^{al}	②	8.33	3.00	2.50		粉砂：黄褐色，松散，稍湿，矿物成分以长石、石英为主	T1-2 1.50-1.70	
Q_4^{al}	③	6.63	4.70	1.70		粉质黏土：黄褐色，可塑，韧性中等，干强度中等，刃面稍有光泽，摇振反应无，含少量铁锰结核等暗色矿物	T1-3 3.30-3.50	
Pt_j	④	5.33	6.00	1.30		强风化花岗片麻岩：黄褐色，结构大部分被风化，裂隙极发育，原岩结构模糊可辨，片麻状构造，粗粒变晶结构，矿物成分以长石、石英为主，含少量云母，岩石基本风化成致密的碎石块状，钻进时瞳瞳声音明显。岩体为极破碎的极软岩，岩体基本质量等级为V级，岩芯采取率90%左右	T1-4 4.70-4.90	

外业日期：2022.06.24　　　　　　　　　　图号：1

图10-2　某地块钻孔柱状图

【示例10-2】

某地块调查期间设置监测井稳定水位标高（部分）的统计见表10-2，根据稳定水位标高绘制水位线地下水流场图见图10-3。

表10-2 监测井稳定水位统计表（GSC 2000）

监测井编号	经度/m	纬度/m	监测井稳定水位埋深/m	水位标高/m
XDW1	427 840	3 875 580	2.26	185.977
XDW2	427 840	3 875 620	2.06	185.842
XDW10	427 710	3 875 380	1.68	185.96
XDW34	427 685	3 874 960	2.74	185.27
……				

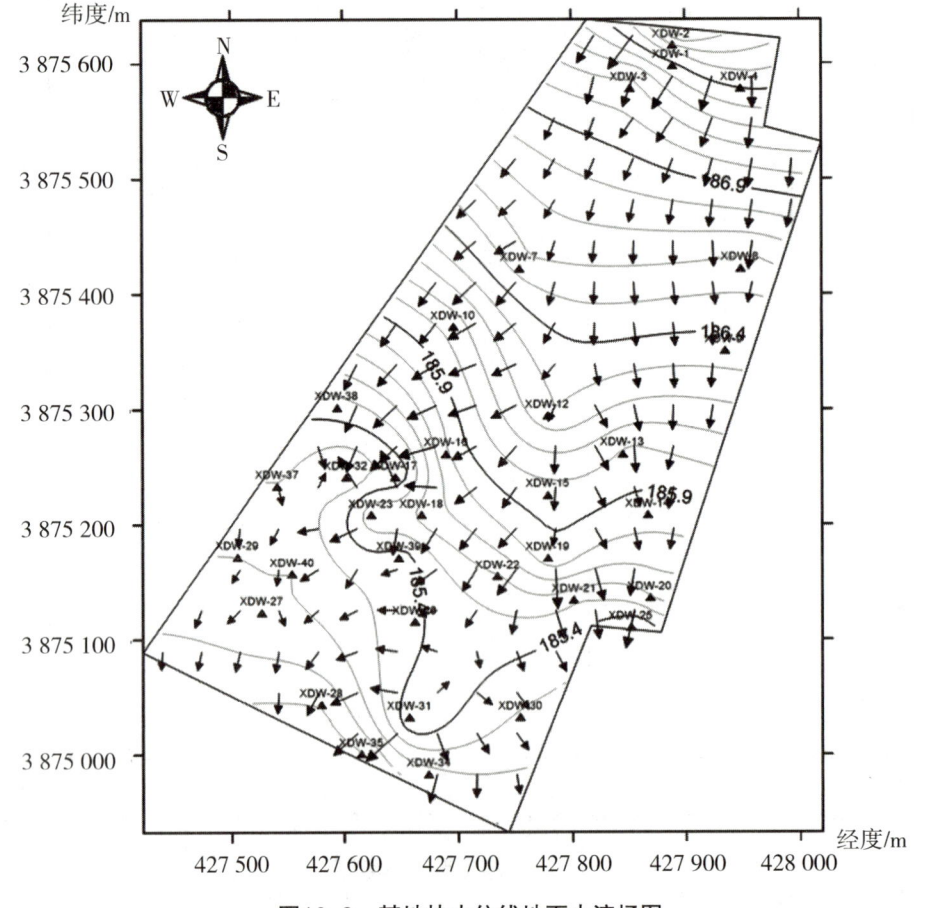

图10-3 某地块水位线地下水流场图

拓展提升

1. 水文地质调查布点的基本要求是什么？

2. 列举部分地块特征参数及其获取途径。

任务 10.2 受体暴露参数调查

任务导入

受体暴露参数主要指可能影响或反映土壤污染物对人体或生态系统暴露程度的因素，例如人群的活动模式、土壤使用方式、地形地貌、气象条件等。这些参数不仅影响污染物的迁移、转化和分布，还直接关系到污染物对环境和人体的潜在风险。

以某工业区的土壤污染状况调查为例，受体暴露参数调查的重要性体现在以下几个方面。

首先，人群活动模式的调查对于评估污染风险至关重要。在工业区，工人和周边居民的活动模式可能包括日常工作、休闲活动以及农业耕作等。通过调查这些活动模式，可以了解人们与污染土壤的接触频率和方式，从而更准确地评估污染物对人体健康的潜在风险。

其次，土壤使用方式的调查有助于确定污染物的来源和分布。工业区的土壤可能受到工业废水、废气、固体废弃物等多种污染源的影响。通过调查不同地块的土壤使用方式，可以识别出主要的污染源和污染途径，为后续的污染治理和修复提供有针对

性的建议。

此外，地形地貌和气象条件的调查对于理解污染物的迁移与转化过程具有重要意义。地形地貌可以影响污染物的扩散范围和速度，而气象条件如风向、风速、降雨等则会影响污染物的迁移和沉降。通过调查这些参数，可以更全面地了解污染物的环境行为，为风险评估和治理措施提供科学依据。

> 思考：
> 1. 获取受体暴露参数的途径有哪些？
> 2. 常见的受体暴露参数包括哪些？

一、主要获取途径

获取受体暴露参数的常见途径有以下几种。

（1）实地监测和采样：通过实地监测和采样，可以获取实时的污染物浓度、气象条件、环境因素等数据。这有助于了解受体的实际暴露情况，如空气质量、水环境质量等。

（2）调查问卷和访谈：通过调查问卷或访谈，可以了解受体的行为模式、暴露频率和时长等信息。这有助于评估受体的暴露风险，并制定相应的管理措施。

（3）遥感技术和地理信息系统：利用遥感技术和地理信息系统可以对大面积区域进行快速、准确的监测和分析。这有助于了解受体的空间分布和暴露情况。

（4）数学模型和计算机模拟：通过建立数学模型或利用计算机模拟技术，可以预测和评估受体的暴露情况。这有助于了解潜在的风险和问题，为制定管理措施提供依据。

（5）生物学标记物：通过检测生物体内的污染物标记物，可以了解受体的暴露历史和当前暴露水平。这有助于评估受体的健康风险和制定有针对性的管理措施。

二、常见受体暴露参数

受体暴露参数包括地块及周边地区土地利用方式、人群及建筑物等相关信息，这些参数对于评估潜在的健康风险和制定相应的管理措施至关重要。在实际操作中，应根据具体的研究目标和实际情况选择合适的方法获取受体暴露参数，并进行综合分析和应用。常见的受体暴露参数主要有以下几项。

（1）暴露场景描述：包括具体的环境条件、活动类型和频率、暴露时间等。例如，如果一个人经常在河边钓鱼，那么他可能面临水体污染的暴露风险。

（2）污染物种类和浓度：指可能对人体健康造成影响的物质类型（如空气中的$PM_{2.5}$、水中的重金属等）及其浓度。这些物质的暴露可能引发各种人体健康问题，如呼吸道疾病、皮肤刺激等。

（3）暴露途径和方式：包括人体如何接触到污染物，例如通过呼吸、饮食摄入、皮肤接触等方式接触。了解暴露途径有助于评估健康风险并制定相应的预防措施。

（4）暴露时间：指个体在某一特定环境或场景中停留的时间，长时间暴露于污染环境中会增加健康风险。

（5）暴露频率：指个体在一定时间内暴露于污染环境的次数。高频率的暴露通常意味着更高的健康风险。

（6）暴露面积：指个体接触污染物的身体部位或区域。例如，某些化学物质可能主要影响皮肤或呼吸系统，因此了解暴露面积有助于更准确地评估健康风险。

（7）暴露量：指个体实际吸收污染物的量。这通常需要考虑个体的呼吸速率、摄入的食物量等因素。

（8）受体特征：如年龄、性别、健康状况、生活习惯等，这些因素都会影响受体的暴露参数。例如，儿童和老年人的呼吸速率与成年人不同，因此他们对空气污染物的暴露量也不同。

列举部分受体暴露参数及其获取途径。

土壤污染状况调查

项目评价

本项目评价如表10-3所示。

表10-3 项目评价表

评分项	评分子项	评分细则	总分	评分	点评
地块特征参数调查（80分）	水文地质调查点位布设	原则上应在地块内均匀布设不少于3个水文地质勘探点。对于地势特点差异大的地块，适当加密布点	20分		
	地块特征参数的获取	地块特征参数调查应当至少包括土壤含水率、土壤有机质含量、土壤颗粒密度等；地块特征参数的获取方法和技术符合要求；获取的地块特征参数符合风险评估的要求	20分		
	主要成果要求	明确调查地块水文地质条件，包括水文地质概况、地下水条件及地下水流场、地块的土层情况等，应当提供调查范围内典型的地质剖面图和钻孔柱状图以及地下水流场图等图件	40分		
受体暴露参数调查（20分）	受体暴露参数的获取	满足风险评估的需求	20分		

实践活动

某污染地块第三阶段土壤污染状况调查地块特征参数的获取方案

一、实训目的

第三阶段土壤污染状况调查旨在补充和完善前两个阶段的信息，进一步获取污染地块特征参数，包括污染物的种类、浓度、空间分布以及土壤和地下水的污染状况等，为风险评估和土壤修复提供科学依据。

通过实践活动，培养学生水文地质资料、受体暴露相关资料的收集与分析能力，能够根据下一步风险评估的要求，确定地块特征参数、受体暴露参数获取方案。

二、实训假设场景（可以由教师提供场景）

某调查地块在第二阶段土壤污染状况调查时发现某些指标超标，后续要进入风险评估阶段，目前掌握的水文地质资料有限，需要对地块进行水文地质勘查，获取地块的相关参数，明确水文地质条件。

调查地块具体场景由教师提供，包括前期调查的情况、调查范围、水文地质资料等。

三、实训操作步骤

（1）对已经搜集到的水文地质资料进行分析。
（2）在地块内布设水文地质勘查孔。
（3）确定需要获取的参数以及获取的方式。

四、实训成果

（1）绘制出地块的水文地质勘查布点图。
（2）明确需要调查的特征参数及方法。

项目11 报告编制与未来展望

 项目导读

《中华人民共和国土壤污染防治法》第三十六条规定，实施土壤污染状况调查活动，应当编制土壤污染状况调查报告。土壤污染状况调查报告应当主要包括地块基本信息、污染物含量是否超过土壤污染风险管控标准等内容。污染物含量超过土壤污染风险管控标准的，土壤污染状况调查报告还应当包括污染类型、污染来源以及地下水是否受到污染等内容。

土壤污染状况调查报告应包括《建设用地土壤污染状况调查技术导则》（HJ 25.1—2019）附录A的内容。报告由摘要、目录、正文和附件组成。本项目介绍了摘要的写法，正文的内容和格式，报告的形式要求以及图件、附件内容。

 学习目标

知识目标：
1. 掌握土壤污染状况调查报告的内容和形式要求。
2. 掌握土壤污染状况调查报告图件、附件的要求。

能力目标：
1. 能够编制土壤污染状况调查报告的大纲和主要内容。
2. 能够绘制土壤污染状况调查报告的图件，并汇编附件。

素质目标：
1. 提升技术报告的编制能力、文字表达能力和图纸绘制能力。
2. 强化职业操守和法律底线意识。

启智增慧

《中华人民共和国土壤污染防治法》第九十条规定，受委托从事土壤污染状况调查和土壤污染风险评估、风险管控效果评估、修复效果评估活动的单位，出具虚假调查报告、风险评估报告、风险管控效果评估报告、修复效果评估报告的，由地方人民政府生态环境主管部门处十万元以上五十万元以下的罚款；情节严重的，禁止从事上述业务，并处五十万元以上一百万元以下的罚款；有违法所得的，没收违法所得。前款规定的单位出具虚假报告的，由地方人民政府生态环境主管部门对直接负责的主管人员和其他直接责任人员处一万元以上五万元以下的罚款；情节严重的，十年内禁止从事前款规定的业务；构成犯罪的，终身禁止从事前款规定的业务。本条第一款规定的单位和委托人恶意串通，出具虚假报告，造成他人人身或者财产损害的，还应当与委托人承担连带责任。

思考：
1. 摘要的编制应当遵循什么原则？
2. 为什么要对报告作严格的形式要求？

任务 11.1 报告编制

一、摘要

摘要又称"提要""简介"，是简明扼要介绍报告的主要内容，方便读者快速了解报告主要内容的文字性说明。

（一）土壤污染状况初步调查报告（不需要开展详细调查）摘要示例

土壤污染状况初步调查报告摘要

一、基本情况

地块名称：

占地面积：

地理位置：

土地使用权人：

地块土地利用现状：

未来规划：

土壤污染状况初步调查单位：

调查缘由：（按以下四种情形选择符合的作表述，需具体化。如：从事过电镀行业的企业用地，拟收回土地使用权。）

（1）经土壤污染状况普查、详查和监测、现场检查表明有土壤污染风险的地块。

（2）用途变更为住宅、公共管理与公共服务用地的，变更前应当按照规定进行土壤污染状况调查的地块。

（3）土壤污染重点监管单位生产经营用地的用途变更或土地使用权收回、转让的地块。

（4）从事过有色金属矿采选、金属冶炼、石油加工、化工、焦化、电镀、制革、造纸、印染、汽车拆解、造船、医药制造、铅酸蓄电池制造、废旧电子拆解和危险化学品生产、储存、使用等行业企业用地，从事过危险废物贮存、利用、处置活动的用地，火力发电、燃气生产和供应、垃圾填埋场、垃圾焚烧场、市政及工业园区污水处理厂和污泥处理处置等用地，其用途变更或土地使用权收回、转让的地块。

二、第一阶段调查

第一阶段调查工作开展时间为××。根据调查情况，地块此前为××（简要概括地块土地利用历史沿革，及各使用阶段的涉污生产工艺），相邻地块土地此前为

××（简要概括相邻地块土地利用历史沿革）。

（1）根据污染识别结果，调查地块在各个历史使用阶段内，××（根据《广州市农用地转为建设用地土壤污染状况调查工作技术指引（试行）》的7项内容简要概括地块情况）。因此，调查地块在当前和历史上均无潜在的污染源，周边环境引起调查地块土壤污染的可能性很小，调查地块作为（拟规划用途）进行开发建设的人体健康风险可接受。

（2）根据污染识别结果，调查地块内重点关注区域为××，需关注的污染物包括××。

［以上（1）和（2）内容根据调查情况选择其中一项］

三、初步采样调查

第二阶段土壤污染状况调查初步采样时间为××，共布设土壤监测点位××个，采样深度为××，共采集土壤样品××组，检测项目包括××；共布设地下水监测井××口，井深为××，采集地下水样品××组，检测项目包括××。

四、样品检测分析结果

（1）地块内土壤样品中：

所有检出项目均未超过相应的土壤污染风险筛选值。

（2）地块内地下水样品中：

①所有检出项目均未超过相应的地下水污染风险筛选值。

②出现超筛选值的项目包括××，最大超筛选值倍数分别为××，经风险分析，由于××，××（超筛选值指标）对人体健康风险可接受，不需开展详细调查。

①和②内容根据超筛选值情况选择其中一项）

五、初步调查结论

（1）综上，调查地块土壤样品和地下水样品无超筛选值情况，调查活动可以结束，调查地块作为（拟规划用途，如有多种需全部列出，并注明为第一或第二类用地）进行开发建设的人体健康风险可接受。（拟规划用途涉及第二类用地的，需明确是否存在超第一类用地筛选值而不修复的土壤，如存在，应明确超筛选值的污

染物名称、超筛倍数、超筛点位和超筛样品深度）

（2）综上，调查地块土壤样品无超筛选值情况，地下水样品超筛选值的××（重金属、氟化物等）经风险分析对人体健康风险可接受，无须进行修复，调查活动可以结束。因此，调查地块作为（拟规划用途）进行开发建设的人体健康风险可接受。

［以上（1）和（2）内容根据超筛选值情况选择其中一项］

图件索引：

1. 地理位置图（见××小节第××页）

2. 重点关注区域分布图（见××小节第××页）

3. 采样布点图（见××小节第××页）

（二）土壤污染状况调查报告（需要开展详细调查）摘要示例

土壤污染状况调查报告摘要

一、地块基本情况

地块名称：

占地面积：

地理位置：

土地使用权人：

地块土地利用现状：

未来规划：

土壤污染状况调查单位：

调查缘由：（按以下四种情形选择符合的作表述，需具体化。如：从事过电镀行业的企业用地，拟收回土地使用权。）

（1）经土壤污染状况普查、详查和监测、现场检查表明有土壤污染风险的地块。

（2）用途变更为住宅、公共管理与公共服务用地的，变更前应当按照规定进行土壤污染状况调查的地块。

（3）土壤污染重点监管单位生产经营用地的用途变更或土地使用权收回、转让的地块。

（4）从事过有色金属矿采选、金属冶炼、石油加工、化工、焦化、电镀、制革、造纸、印染、汽车拆解、造船、医药制造、铅酸蓄电池制造、废旧电子拆解和危险化学品生产、储存、使用等行业企业用地，从事过危险废物贮存、利用、处置活动的用地，火力发电、燃气生产和供应、垃圾填埋场、垃圾焚烧场、市政及工业园区污水处理厂和污泥处理处置等用地，其用途变更或土地使用权收回、转让的地块。

二、第一阶段调查

第一阶段调查工作开展时间为××。根据调查情况，地块此前为××（简要概括地块土地利用历史沿革，及各使用阶段的涉污生产工艺），相邻地块土地以前为××（简要概括相邻地块土地利用历史沿革）。

根据污染识别结果，调查地块内重点关注区域为××，需关注的污染物包括××。

三、初步采样调查

第二阶段土壤污染状况调查初步采样时间为××，共布设土壤监测点位××个，采样深度为××，共采集土壤样品××组，检测项目包括××；共布设地下水监测井××口，井深为××，采集地下水样品××组，检测项目包括××。

四、样品检测分析结果

（1）地块内土壤样品中：

××点位存在出现超筛选值的情况，超筛选值的项目包括××，最大超筛选值倍数分别为××，超筛选值样品最大采样深度分别为××。

（2）地块内地下水样品中：

出现超筛选值的项目包括××，最大超筛选值倍数分别为××。

五、详细采样调查

土壤污染状况调查详细采样时间为××，共布设土壤监测点位××个，采样深度为××，采集土壤样品××组，检测项目为××；详细调查期间共布设地下水监测井××个，采集地下水样品××组，检测项目为××。（若有补充调查：第一次补充采样调查共布设土壤监测点位××个，采样深度为××，采集土壤样品××组，检测项目为××；第二次补充采样调查共布设土壤监测点位××个，采样深度为××，采集土壤样品××组，检测项目为××）

根据样品检测分析结果，详细采样阶段××个监测点位××个土壤样品中的××（指标）超筛选值，超筛选值倍数范围为××，超筛选值样品最大采样深度为××。

六、调查结论

本次土壤污染状况详细调查完成后，调查地块需根据地块未来规划开展风险评估，关注污染物为超筛选值污染物，包括（土壤关注污染物、地下水关注污染物）。

图件索引：

1．地理位置图（见××小节第××页）

2．重点关注区域分布图（见××小节第××页）

3．超标点位分布图（见××小节第××页）

二、报告内容和格式

在对调查过程和结果进行描述、分析、总结和评价的基础上，形成土壤污染状况调查报告。内容主要包括地块土壤污染状况调查的概述、地块的描述、资料分析、现场踏勘、人员访谈、初步采样分析、详细采样分析、结果和分析（含检测结果统计表）、调查结论与建议、附件等。

（一）第一阶段土壤污染状况调查报告编制

（1）报告内容和格式：对第一阶段调查过程和结果进行分析、总结和评价。内容主要包括土壤污染状况调查的概述、地块的描述、资料分析、现场踏勘、人员访谈、结果和分析、调查结论与建议、附件等。

（2）结论和建议：调查结论应尽量明确地块内及周围区域有无可能的污染源，若有可能的污染源，应说明可能的污染类型、污染状况和来源。应提出是否需要进行第二阶段土壤污染状况调查的建议。

（3）不确定性分析：报告应列出调查过程中遇到的限制条件和欠缺的信息，及对调查工作和结果的影响。

（二）第二阶段土壤污染状况调查报告编制

（1）报告内容和格式：对第二阶段调查过程和结果进行分析、总结和评价。内容主要包括工作计划、现场采样和实验室分析、数据评估和结果分析、结论和建议、附件等。

（2）结论和建议：结论和建议中应提出地块关注污染物清单和污染物分布特征等内容。报告应说明第二阶段土壤污染状况调查与计划的工作内容的偏差以及限制条件对结论的影响。

（三）第三阶段土壤污染状况调查报告编制

按照《建设用地土壤污染风险评估技术导则》和《建设用地土壤修复技术导则》的要求，提供相关内容和测试数据。

三、报告形式要求

调查工作完成后应形成土壤污染状况调查报告。

报告应附具从业人员责任页，明确项目负责人、各分项工作承担者；从业单位应建立内部审核制度，明确报告的审核、审定人员；上述人员均应亲笔签字确认。报告还应附具土地使用权人（土壤污染责任人）和从业单位对报告真实性、准确性和科学性负责的承诺书。报告应加盖土地使用权人和报告编制单位的公章。

四、图件

报告应包括以下图件：

（1）地理位置图、调查范围图；

（2）各历史时期的地形图或卫星图；

（3）地层剖面图；

（4）地下水流向图、地下水功能区划图；

（5）周边污染源示意图；

（6）地块规划图；

（7）平面布置图；

（8）工艺流程与产排污环节图；

（9）地下储罐储池分布图；

（10）雨水、污水管网图；

（11）人员访谈和现场踏勘照片；

（12）采样布点图；

（13）钻孔柱状图；

（14）所有采样点位岩芯照片；

（15）地下水监测井结构示意图；

（16）地下水成井照片；

（17）现场采样代表性工作照片（包括现场布点，土壤钻孔，土壤样品取样、收集，地下水建井、洗井，地下水样品取样、收集，现场采样记录、现场检测、样品保存、样品流转等各工作环节）；

（18）土壤超标点位分布图；

（19）地下水超标点位分布图。

五、附件

报告应包括以下附件：

（1）项目委托书；

（2）人员访谈记录；

（3）现场踏勘记录；

（4）采样工作量清单，应包括采样点位置、钻孔深度和坐标、采样点深度、检测指标、样品数量；

（5）各采样点位现场采样工作照片和岩芯箱；

（6）土壤钻孔柱状图；

（7）土壤采样记录单；

（8）监测井柱状图；

（9）地下水洗井记录单；

（10）地下水采样记录单；

（11）土壤、地下水采样样品流转记录单；

（12）实验室资质证明材料；

（13）土壤和地下水监测报告（加盖CMA图章）。

 拓展提升

土壤污染状况调查图件制作一般涉及什么软件？你会使用这些软件吗？

任务 11.2 未来展望

 任务导入

土壤污染状况调查技术不断发展和进步，从最初的简单采样和化学分析，到生态毒理学诊断，再到遥感、高光谱数据等先进技术的应用，为更准确、全面地了解土壤污染状况提供了有力支持，为制定有效的治理措施提供了科学依据。

土壤污染状况调查

> **思考:**
> 土壤污染状况调查技术和手段未来可能会有哪些新的突破?

一、生态毒理学诊断方法

目前,我国开展建设用地土壤污染状况调查工作主要采用化学诊断法,即在前期污染识别的基础上开展环境介质的采样分析。化学诊断法的不足之处是难以获得污染物的复合污染效应,也不能识别多种暴露途径下污染物的有效毒性。

因此,生态毒理学诊断方法越来越受到关注,发展迅速。下面是几种常见毒理学诊断方法的简单介绍。

(一)高等植物诊断法

高等植物是生态系统中的生产者,利用其生长状况来诊断土壤污染,是土壤污染生态毒理学诊断常用的方法。其原理是通过土壤污染物对植物形态、结构、生理生化、遗传、生长等特性的影响以及对种群数量、群落结构和功能、生物多样性等的改变,获取相关信息来表征土壤污染情况。目前高等植物毒理试验有根伸长抑制试验、种子发芽试验、植物幼苗早期生长试验。

由于高等植物生长周期长,容易受到外界因素的干扰,不适合用于快速诊断。

(二)动物诊断法

动物诊断法基于动物对土壤污染物的敏感性和做出的反应,通过观察和分析动物的行为、生理和生化指标变化,从而间接推断土壤污染状况。

陆生无脊椎动物处于陆地食物链的底层,繁殖能力强,分布广,且能最大限度地接触土壤中的有害物质,其生命活动和代谢活动与土壤环境有着密切的联系,在评估土壤质量和化学污染物潜在的毒性方面具有显著优势。陆生无脊椎动物种类繁多,常用蚯蚓、线虫和跳虫作为指示生物,利用它们的成长试验、回避行为试验和繁殖试验来评价受污染土壤的生态毒性。

土壤原生动物由于其个体构造简单、易于培养、繁殖速度快、分布不受地域限

制、对极端环境适应性强且能够在很短的时间内对污染做出反应，是重金属和农药污染物毒性诊断较为理想的模式生物。常见的土壤原生动物主要有纤毛虫类、异养鞭毛虫类、裸肉足虫类和有壳肉足虫类。

（三）微生物诊断法

微生物是土壤生态系统的重要组成部分，对土壤的形成发育、物质循环和肥力演变等均有重大影响。常见的微生物诊断方法包括微生物群落检测法、土壤酶活性检测法、土壤呼吸作用检测法、土壤氮循环检测法。

1. 微生物群落检测法

微生物群落功能的差异性对环境变化十分敏感，能够在很短的周期内做出反应，常常被用作土壤生态系统变化和土壤健康状况的早期预警和敏感指标。微生物群落功能的差异通常是用反映微生物群落对含碳底物代谢功能多样性的群落水平生理特征（CLPP）来表征。

2. 土壤酶活性检测法

土壤酶是土壤中产生专一生物化学反应的生物催化剂，对外源性污染物如重金属、有机污染物有明显的响应，常被用作土壤生态毒理学诊断的重要生物指标，目前主要通过监测土壤酶活性的抑制程度来判断土壤污染程度，评价土壤健康质量。

3. 土壤呼吸作用检测法

土壤呼吸作用强度是衡量土壤微生物活性的重要指标，其变化能够反映土壤微生物的活跃程度，可作为表征土壤肥力和土壤质量的重要生物学指标，但专门把土壤呼吸作用作为微生物活性指标用于土壤污染生态毒理学诊断的研究是近几年才兴起的。

4. 土壤氮循环检测法

土壤氮循环是评价污染物对土壤微生物生态风险的重要指标，主要包括固氮作用、硝化作用、反硝化作用和氨氧化作用，其中氨氧化作用是全球氮循环的中心环节。土壤氨氧化细菌（AOB）和氨氧化古菌（AOA）是进行氨氧化作用的主要微生物，都含有编码氨单加氧酶（AMO），该酶是硝化反应中氨氧化的关键酶，可将氨转化为亚硝酸盐，对土壤环境因子的变化具有潜在的指示作用。

（四）生物标记诊断法

生物标记可衡量环境污染物的暴露及其效应的生物反应。常用的生物标记诊断方法包括解毒酶系生物标记法、抗氧化防御系统的生物标记法、热休克蛋白生物标记法、胆碱酯酶标记法。

1. 解毒酶系生物标记法

解毒酶是一类具有重要生理功能的代谢酶系，广泛存在于动物、植物和微生物体内。它们易受外源污染物诱导或抑制而使其含量或活力显著增加或降低，且污染物毒性与其含量或活力之间具有显著相关性，常作为污染物毒性诊断的生物标记物用于环境污染的早期诊断。

2. 抗氧化防御系统的生物标记法

抗氧化防御系统是动物体内重要的活性氧物质清除系统，当受试的好氧生物受到土壤外源污染物的胁迫时，体内的活性氧物质会增加，随着受试生物暴露时间的延长，当机体细胞内活性氧物质累积过多时，会对细胞造成伤害，严重时会导致细胞死亡。

3. 热休克蛋白生物标记法

热休克蛋白（HSP）是机体受到外源污染物以及不良理化环境刺激后产生的一种应激蛋白，其广泛存在于各类生物体内，并在生物体内发挥着重要的生理功能。作为一类高度保守的蛋白质，它们可以提高受试细胞的耐受性，对生物细胞具有保护和修复作用，可作为评价外源污染物整体胁迫效应和污染程度的早期毒理学指标。

4. 胆碱酯酶标记法

胆碱酯酶是一类专一性比较高的酶，分为乙酰胆碱酯酶和丁酰胆碱酯酶。其中乙酰胆碱酯酶对氨基甲酸酯类农药和有机磷农药具有显著的灵敏性和较高的专一性，因而得到了广泛的关注和应用。

（五）细胞水平上的生态毒理学诊断

在细胞水平上进行生态毒理学诊断，主要是通过分析污染物对细胞结构、功能和代谢过程的影响，来评估土壤污染对生态系统的潜在风险。常用的方法有微核试验法、溶酶体中性红法、单细胞凝胶电泳试验。

1. 微核试验法

微核试验是一种新型的土壤污染生态毒理学诊断方法，其原理是外界土壤中有毒物质对受试生物产生毒害作用，导致其细胞染色体丢失或断裂，从而在细胞质中形成一个或多个微小核，通过观测出现的微核率来判断污染土壤的生态毒性，具有方便、快捷、高效等优点。

2. 溶酶体中性红法

溶酶体是亚细胞水平上有毒物质的特殊靶点，对中性红具有很强的亲和性。当有毒物质进入受试生物的细胞内时，其溶酶体膜受到损伤，导致溶酶体膜通透性改变，失去稳定性，中性红染料逐步渗透到细胞质中。根据细胞溶酶体膜中性红保持时间来建立剂量—效应关系，并判断土壤污染程度。该方法具有良好的稳定性和准确性，常被用作土壤污染的早期预警。

蚯蚓体腔细胞内的溶酶体由于成本低、样品处理简单、观察效果好，是目前最常用的生物标志物。

3. 单细胞凝胶电泳试验

单细胞凝胶电泳试验能够检测到DNA链的断裂和氧化损伤，从而揭示污染物对细胞遗传信息的潜在危害。

（六）组学技术应用

土壤污染的生态毒理学诊断不仅仅局限于对单一受试物种或生物标记物的检测，还可以从更宏观的群落结构、生态系统和更微观的代谢、遗传水平上评价。随着分子生物学的发展，应用宏基因组学、宏转录组学、宏蛋白组学和代谢组学技术研究土壤微生物的生态功能，揭示土壤微域环境对微生物的影响机制，在评价污染土壤生态毒理学方面具有巨大的潜力。

二、遥感技术应用

遥感技术是根据电磁波理论，通过应用各种传感仪器对远距离目标所辐射和反射的电磁波信息进行收集、处理,并最终成像,从而对地面各种景物进行探测和识别。遥感技术发展迅速,在土壤污染状况调查中扮演着愈来愈重要的角色。

遥感技术可以提供大范围、连续的地表覆盖信息,从而帮助识别潜在的污染区域。通过对地表特征进行高分辨率的成像,遥感技术能够检测到与土壤污染相关的异常变化,如植被覆盖减少、土壤颜色变化等。

遥感技术能够提供定量化的土壤污染信息。通过监测特定的遥感波段并利用特定的算法,可以提取出土壤中的污染物质信息,如重金属含量、有机污染物分布等。这些定量化的数据有助于对土壤污染程度进行评估。

此外,遥感技术还可以与其他数据源进行集成,如地面监测数据、地理信息系统数据等,从而构建更为全面和准确的土壤污染数据库。这种集成化的数据处理方式可以提高土壤污染状况调查的效率和精确度,为管理者提供决策支持。

项目评价

本项目评价如表11-1所示。

表11-1 项目评价表

评分项	评分子项	评分细则	总分	评分	点评
土壤污染状况调查报告编制（90分）	摘要	撰写摘要,内容简明、扼要	20分		
	报告主要内容	列出报告大纲,并编写	40分		
	图件	使用绘图工具绘制图件	15分		
	附件	整理相关附件,完整、无遗漏	15分		
土壤污染状况调查未来展望（10分）	未来展望	了解土壤污染状况调查的新技术、新方法	10分		

实践活动

土壤污染状况调查报告编制

一、实训目的

掌握土壤污染状况调查的技术要点和报告编制的方法。

二、实训内容

根据所学知识,以及老师提供的案例资料、数字资源等,分组编制土壤污染状况调查报告。

三、实训成果要求

土壤污染状况调查报告的参考大纲示例如下。

1　摘要
2　项目概述
2.1　项目背景
2.2　工作依据
2.3　调查目的与原则
2.4　调查范围
2.5　技术路线
3　地块概况
3.1　地块地理位置
3.2　区域环境与社会概况
3.3　区域地质与水文地质概况
3.4　地块地质与水文地质概况
3.5　地块土地利用历史

3.6　地块土地利用现状

3.7　地块土地利用规划

3.8　相邻地块土地利用历史及现状

3.9　周边环境敏感目标

3.10　地块所在区域地下水利用规划及使用现状

4　第一阶段调查

4.1　地块企业基本情况（含平面布置）

4.2　地块产品、主要原辅材料及燃料

4.3　地块主要生产设备

4.4　地块主要生产工艺及产污环节

4.5　地块污染物排放及处置

4.6　地块污水管网及地下储罐储池分布

4.7　地块以往安全生产事故情况

4.8　地块现场踏勘、人员访谈情况

4.9　相邻地块污染影响分析

4.10　地块主要污染源及污染物识别

4.11　地块污染识别结论

5　第二阶段调查：初步采样分析

5.1　布点方案

5.2　样品采集

5.3　样品保存与流转

5.4　样品测试分析

5.5　质量控制与保证

5.6　结果统计与分析

5.7　地块初步采样分析结论

6　第二阶段调查：详细采样分析

6.1　布点方案

6.2　样品采集

6.3 样品保存与流转

6.4 样品测试分析

6.5 质量控制与保证

6.6 结果统计与分析

6.7 地块污染原因分析

6.8 地块详细采样分析结论

7 第三阶段调查

8 结论与建议

8.1 结论

8.2 建议

9 附件

参 考 文 献

［1］崔龙哲，李社锋．污染土壤修复技术与应用［M］．北京：化学工业出版社，2016．

［2］刘瑞平，宋志晓，崔轩，等．我国土壤环境管理政策进展与展望［J］．中国环境管理，2021，13（05）：93-100．

［3］孙宁，张岩坤，刘锋平，等．深入打好"十四五"土壤污染综合防治攻坚战的思考［J］．中国环境管理，2021，13（03）：74-78．

［4］李丽平，李瑞娟，高颖楠，等．美国环境政策研究［M］．北京：中国环境出版社，2015：290．

［5］吴颐杭，杨书慧，刘奇缘，等．荷兰人体健康土壤环境基准与标准研究及其对我国的启示［J］．环境科学研究，2020，35（01）：265-275．

［6］梅雪芹．直面危机：社会发展与环境保护［M］．北京：中国科学技术出版社，2014：207．

［7］王曦，胡苑．美国的污染治理超级基金制度［J］．环境保护，2007（10）：64-67．

［8］汪劲，严厚福，孙晓璞．环境正义：丧钟为谁而鸣：美国联邦法院环境诉讼经典判例选［M］．北京：北京大学出版社，2006：328．

［9］马瑾等．世界主要发达国家土壤环境基准与标准理论方法研究［M］．北京：科学出版社，2021．

［10］陈亮．全球环境政策研究2016［M］．北京：中国环境出版社，2017．

［11］王曼丽．新疆典型湖泊邻苯二甲酸酯污染特征及风险评价［D］．石河子大学，2023．

［12］王昭申，胡玉星．土壤中总石油烃（C10-C40）检测过程中影响结果因素探讨［J］．干旱环境监测，2023，37（04）：145-148．

[13] 樊小华. 煤沥青大分子多环芳烃的结构组成及其抽提分离和热聚合的研究[D]. 湖南大学, 2019.

[14] 赵中华. 含氯有机污染土壤热脱附及联合处置研究[D]. 浙江大学, 2018.

[15] 石阳. 西北工业化城镇农田土壤潜在污染来源与人群暴露[D]. 兰州大学, 2023.

[16] 王开来, 苗峰, 史柯, 等. 土壤污染生态毒理诊断方法研究进展[J], 土壤, 2019, 51（05）: 854-863.

[17] 刘勋, 李长春, 李双权, 等. 高光谱遥感技术在土壤研究应用中的进展[J], 安徽农业科学, 2019, 47（08）: 18-21, 34.

[18] 肖胡萱, 蒲生彦, 何发坤, 等. 遥感技术在土壤污染中的应用研究进展[J], 地球与环境, 2020, 48（05）: 622-630.